モノを作らない ものづくり

デジタル開発で時間と品質を稼げ

富士通・日本発ものづくり研究会 著

日科技連出版社

モノを作らない ものづくり

デジタル開発で時間と品質を稼げ

富士通・日本発ものづくり研究会 著

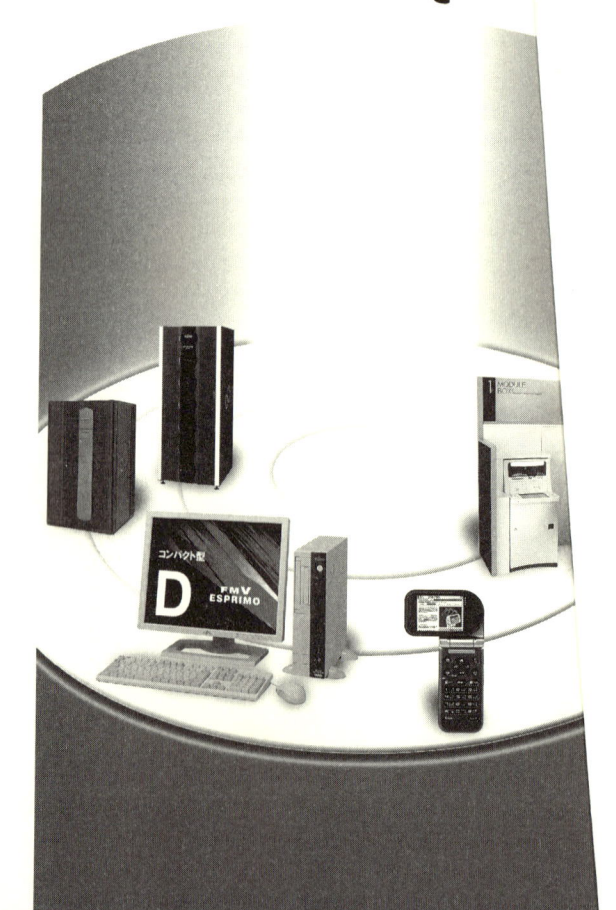

はじめに

　日本の電機・精密機器業界を取り巻く環境は、急速な技術革新や顧客の多様化、市場のグローバル化の影響を受けて激しく変化しています。特に携帯電話や薄型テレビなどのいわゆるデジタル系製品の多くは、環境変化の影響を受けて製品の販売寿命が開発リードタイムよりも短期化しています。このため、企業の業績もオセロゲームのように変動しているのが現実です。この複雑な環境に直面して各企業は生き残りをかけて、常に顧客にとって魅力的な製品を開発し続けるための製品開発プロセスの革新・改革活動に果敢に挑戦しています。

　本書は第Ⅰ部で、このような電機・精密機器業界の企業環境の分析を行い、日本的な開発手法の強みを生かす革新・改革手法を「モノを作らないものづくり」という考え方にまとめます。また第Ⅱ部では、その考え方を具体的な開発現場で実践した事例を機械・機構系の開発、電子系の開発、組込みソフトの開発の3分野にわたって紹介します。

　本書を貫く基調テーマは2つあります。まず第1は副題に「デジタル開発で時間と品質を稼ぐ」とあるように、**情報システムを駆使した開発革新**をしよう、というメッセージです。「モノを作らないものづくり」のモノを作らない、という部分はこれを表しています。

　もとより私たちは、現場と現物＝モノの重要性を軽視するものではありません。モノにこだわってノウハウを蓄積し、その中から新製品や新方式のアイデアを創出するのがエンジニアリングの基本です。新製品を生み出すのはあくまで人間であり、情報システムやデジタル開発はそれを側面支援するものです。

　さらにいうと情報システムへの過度の依存は、弊害を生み出す危険があります。情報システムは、いったん普及すると人間の行動パターンや仕事のプロセ

スを拘束する性質をもつことを常に念頭に置いておく必要があるでしょう。また人間同士が顔を合わせなくても仕事が進んでしまうため、人間関係で暗黙にやっていた設計のチェックやノウハウの伝達が作用しなくなることもあります。

そもそもコンピュータにできることは、突き詰めると2つしかありません。決められた手順を、大量に、間違いなく、高速に処理することと、ネットワークを通して距離の制約を超えることです。この性質をうまく利用して人間が行う「ものづくり」を支援できるデジタル開発のプロセスを構築することが重要です。

デジタル開発をうまく取り入れることにより、人間の不得意なところや弱い面をカバーし、安い・品質のよい製品を早く開発できるプロセスの構築が可能になります。さらに、現物やモノ、試作機では絶対にできないことが可能になることも重要です。例えばハードディスク・ドライブ装置の内部の空気の流れや数百メガヘルツの動作周波数のプリント基板の電流挙動は、製品開発上の非常に重要な事項です。しかしこれらを試作機で正確に実測しようとしても、測定行為そのものが動作環境を攪乱するため、不可能です。デジタル開発でシミュレーションするしかありません。

ここで、企画・構想・設計・生産準備という「ものづくり」のプロセスをもう一度よく考えてみると、**情報の流れが本質**であることに気づきます。つまりプロセスが進むに従って詳細化され、合流し、修正される設計情報の流れです。デジタル開発とは、プロセスを情報の流れとして見直し、再構築することだといえます。それは組織のあり方や役割分担にまで影響するはずです。現状の製造業のものづくりは、情報伝達を「図面」というモノでやり、検証・確認を「試作機」というモノでやることを前提とした組織形態のままで行われているケースが多くあります。デジタル開発はそこに見直しを迫ります。デジタル開発が重要だという最大の理由はここにあります。

本書の第2の基調テーマは、**日本型 IT の重要性**です。デジタル開発が深化すると、情報システム（IT）は必然的に仕事のやり方、プロセスの進め方、人

間関係、コミュニケーションのあり方、といった部分にかかわってきます。プロセスのあり方がITに影響してくるわけです。

製造業をみると、メカ設計や電気設計にかかわらず、すべて欧米製の開発ツールをそのまま使っている例があります。そのような現場の意見を聞くと「ツールは欧米製だが、考えているのは私達だからよいのだ」とおっしゃるわけですが、甘いと思います。そのツールが想定し、前提としているプロセスしか効率的に運用できないのではないでしょうか。今はその影響は微細でも、今後ますます影響度が増えるのではないでしょうか。

私達は日本型のITとして、人間同士のコミュニケーションを減らすことを目的としたITではなく、**人間同士のコミュニケーションが大事という前提に立ったIT**が重要だと考えます。また、担当者がいつ転職していなくなってもよいというITではなく、継続的雇用を視野に入れた**人材づくりが大事だという前提のIT**が重要だと考えます。

デジタル開発のベースとなっているIT技術はまだまだ未熟です。メカ設計を例にとると、図面でのコミュニケーションにおいては重要な部分とそうでない部分が比較的はっきりとわかるように記述されています。しかし3次元デジタル開発ではそれが不明確になってしまいます。ものづくりのプロセスでは重要事項の共有が大事ですが、無意味であることの共有もまた大切です。こういったことをどう表現していくかを含め、課題は山積しています。今後も現場での実践を通して、1つひとつ問題点を解決していくつもりです。

最後になりましたが、本書が日本の製造業の方々の参考に少しでもなればと願っています。

2006年11月

富士通・日本発ものづくり研究会
代表　湯浅英樹

モノを作らないものづくり
―― デジタル開発で時間と品質を稼げ

目次

はじめに......3

第I部
日本発デジタルものづくり......13

第1章
日本のエレクトロニクス産業は今......15

1.1　エレクトロニクス産業概観......16
1.2　グローバル市場変化への対応......18
1.3　製品の変化と販売寿命......20
1.4　ソフトウェア比重の拡大......21
1.5　売り方の変化とライフサイクルコスト管理......23
1.6　技術革新とオープン化・モジュール化の進展......24
1.7　スマイルカーブとムサシカーブと開発部門の利益意識......25

第2章
日本の製造業の開発プロセスの特長とITの課題......29

- 2.1　ワークスタイルと開発プロセス......30
- 2.2　擦り合わせ型プロセス......35
- 2.3　ものづくりを支えるITの要件と課題......49

第3章
日本発デジタル開発の挑戦......53

- 3.1　短期・高品質開発プロセスへの革新......54
- 3.2　技術者の意識改革と開発プロセス変革......58
- 3.3　デジタル開発と関連部門間の連携......61
- 3.4　デジタルデータが中核となること......64
- 3.5　開発プロセス改革......67

第Ⅱ部
開発プロセス変革　実践編……71

第4章
メカニカル設計を中心とした コンカレント開発……73

- 4.1　分散開発拠点で有用な検証ツール……74
- 4.2　プリント板設計部門との協調設計……75
- 4.3　分散開発拠点間での情報共有……79
- 4.4　環境対応設計の組み込み……81
- 4.5　シミュレーションの組み込み……84
- 4.6　下流部門(製造・保守・環境)の設計情報活用……88
- 4.7　開発プロセスの改善……90
- 4.8　まとめ……92

第5章
ものづくりを支える電気設計環境......95

5.1　電気設計統合CAD環境"EMAGINE"の概要......96

5.2　制約ドリブン設計......99

5.3　源流からのDFM/DFT......101

5.4　部門／会社間を越えた協業環境の構築......106

5.5　計算機リソースの有効活用......109

5.6　その他の特長......113

5.7　最後に......117

第6章
組込みソフトウェア開発の品質と開発効率改善への取り組み......119

6.1　組込みソフトウェア開発改善活動......120

6.2　ソースコードの品質改善活動......126

第7章
ノウハウ活用術と品質の作り込み......139

7.1 ITシステムから見た４階層ナレッジ......140

7.2 ナレッジ活用の実践例......140

7.3 課題管理と標準化推進......152

7.4 データ管理フレームワーク......162

第8章
VDR（バーチャル・デザイン・レビュー）手法......165

8.1 VDR導入による効果......166

8.2 VDR手法導入手順......168

8.3 VDR手法導入時に犯しやすいミス......176

8.4 VDR導入例......179

第9章
製造部門への適用......183

9.1 製造現場の図面と3次元アニメーション......184

9.2 作業指導書と3次元アニメーション......186

9.3 設計と製造部門の連携とグローバル化......188

さくいん......193

おわりに......198

付録　用語の解説......201

執筆者紹介......206

装丁・本文デザイン＝さおとめの事務所

第Ⅰ部 日本発デジタルものづくり

日本のエレクトロニクス産業は今

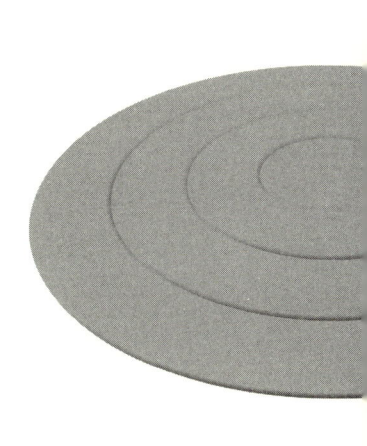

第 1 章

第Ⅰ部 日本発デジタルものづくり

　急展開する技術革新や顧客の多様化、グローバル市場での新しい東アジア企業との競合など、エレクトロニクス産業の開発部門を取り巻く環境は、複雑に変動している。特に、携帯電話や薄型テレビなどのデジタル系製品の多くは、製品の開発リードタイムの短縮により販売寿命が短期化し、企業業績は、『オセロゲーム』に例えられるように大きく変動している。
　この章では、エレクトロニクス産業を概観すると同時に、市場やグローバル環境の変化と、それにともなう製品の変化やソフトウェア比重の増加など、いくつかの課題を中心に現状を説明する。

1.1　エレクトロニクス産業概観

　エレクトロニクス産業(電気機械器具、情報通信機械器具、電子部品・デバイスを対象としてとらえる)は、2005年度の経済産業省の産業統計(図表1-1)で見ると日本の業種別製品出荷額で、輸送用機器に次ぐ17%を占める日本を代表する産業である。経済産業省の鉱工業生産指数を参照すると、最近の状況は、電子部品・デバイスはITバブルのはじけた2001年を底に、2000年を100として2005年度には117.8に成長した。電気機械器具も、2002年を底に、103.0まで回復している。

図表1-1　2005年度産業別出荷額の構成比(従業者10人以上の事業所)

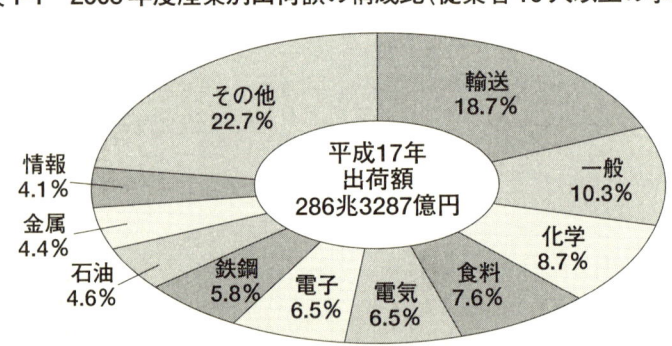

(出典)　経済産業省・平成17年工業統計速報

日本貿易会の貿易統計を見ると、2005年度実績で、エレクトロニクス産業は、輸送機器(自動車産業)に次ぎ、輸出額2位の22%の数字をあげている。この数値は、マクロ的に増加傾向にあるものの、輸出製品の種類は変化している。安価な労働力を求めた日本企業の生産のグローバル化や通信を中心とした米国企業の巻き返し、東アジア企業の実力の飛躍的向上が、個々の製品での変動をもたらしている。

　日本のエレクトロニクス産業は、各種基幹部品から組立完成品まで大きな広がりをもっている。例えば、代表的な製品として、半導体、各種電子部品、テレビ、電話、オーディオ機器、カーナビ、パソコン、サーバ、複写機、デジタルカメラ、医療用機器、家電、監視モニターなど多種多様である。これらは、生活全般に大きく関係している製品である。と同時に、生活様式の多様化にともない、種類が増加しているのが特徴である。
　さらに、通信技術の発展にともない、これら製品で利用する画像(写真)・動画(ビデオや映画)・音楽といったコンテンツは、遠隔地でもインターネット経由で瞬時にデータ交換が行われている。また、各製品も通信手段(例えば、携帯電話)を使い、遠隔地から自宅に設置した機器の起動を行ったり、ペットを監視したりといった利用も行われている。このような社会のネット化は、日本や欧米先進国だけに見られるものでない。地域により利用の動機や実態は異なるが、グローバルに起こっている変化である。
　ネット社会が引き起こす新しい生活様式は、若者だけでなく年齢層や地域差を超え各個人の生活に変化を促し、新しい製品ニーズや市場を作り、開発部門の開発意欲を喚起し続けている。

　世界市場への展開は、ひと昔前は日本のエレクトロニクス産業の得意技のようにとらえられていた。各企業もその市場拡大の中で、売上額を急増させた。ところが現在、日本企業がようやくそのブランドを作りつつあった日欧米市場は、急速に物・情報がボーダレスに氾濫する市場となった。多くの製品は、すでに成熟期に達した様な展開を見せていたのである。日本のエレクトロニクス

産業は、ITバブルがはじけるまで、技術の先端を走ることで、成熟期のもつ閉塞感を打破し、そして、新成長市場への展開をめざし、全力をあげて膨張していた。ところが、DELL社のビジネスモデルに代表されるような生産工程を外部で安価に請け負うEMC産業が出現し、製品原価を押し下げた。また、DVDレコーダーに見られるように、コンテンツの流通を目的としたエレクトロニクス部品の高度な標準化と標準モジュールの部品化は、新規参入障壁を低くし、標準部品を安価で組み立てる東アジアの新規メーカーを急増させた。この原価構造の低下は、肥大化した日本のエレクトロニクス産業に襲いかかった。それが、2001年での大幅赤字、そして構造改革の実施へとつながったのである。

1.2 グローバル市場変化への対応

市場環境の変化をまとめると以下のようになる。
- ネット社会や個人の生活様式を基盤としたニーズの多様化
- 技術革新や情報伝播の高速化をベースとした市場変化の早さ
- 世界人口の4割を超えるBRICsを含めたグローバル市場の拡大

ネット社会がもたらす新市場では、一見成熟したように見えた製品群の中からも、デジタル製品のように新たな展開を描き始めた製品もある。この転換点は、ネットのもたらす新しい可能性である。また、生活様式や顧客の嗜好・価値観を含む市場変化である。この変化スピードは、情報氾濫時代を反映し、地球規模で高速化している。

グローバル市場は、急速に拡大している。よくいわれるように携帯電話の日本での販売は、2005年に4千万台であるのに対し、世界市場では、今まで固定電話さえなかったような市場も含め、8億台以上が販売されている。日本企業は、この世界で5%の日本市場に対応しているに過ぎないが、世界市場を相手にしているNokia社やMotorola社、Samsung社は、各社で1～2億台以上の製品を出荷し、スケールでビジネスを展開している。また、この5%の日

本市場は、生活様式の多様化が進み、情報伝達のスピードも早い。このため販売寿命が短い、多機能・高品質・小ロットの厳しい市場である。日本メーカーは、スケールとしてのコストメリットを吸収できずに高機能製品の創出に汗を流している。

このような状態に陥った原因として、グローバルスタンダードがある。携帯電話に限らず、音楽や画像を共用するためにデータ交換する(または、通信する)製品では、どこでも誰でも使えるための規格であるグローバルスタンダードに準拠することが重要である。世界的に差別化できるすばらしい機能でも、あくまでジャパニーズスタンダードのみでは(例えば、貴重な思い出のビデオデータが交換できないなど)、グローバル市場の商品とは認められない。このため、開発部門としては、世界に規格を提案し、日本市場で磨いた技術に有利なグローバルスタンダードを確立すると同時に、いち早く製品を生み出し、グローバル市場でのシェアを確立することが必要である。今、各社の開発部門の責任者は、このために世界中を走り回っている。

人件費やさまざまなインフラコストが高い日本企業は、1990年代から積極的な海外生産を展開してきた。この結果、海外生産比率は18％(経済産業省「我が国製造業の概況」2005年版)まで高まっている。一方、表面的な低価格化への対応としての海外工場展開に対する見直しも起こっている。つまり、製品開発のスピードを重視し、拡大した製品系列の中で、企業のコアとなる製品を日本で効率的に立ち上げていこうというものである。また、生産面でも、一部製品では現場の大変な努力とセル生産の発展により、中国の人件費に負けない効率をあげているものも出てきている。

しかし、BRICsをはじめ、世界市場で戦っていくためには、グローバルに良質な労働力を安価で活用できる地域で、生産能力を高めていくことは重要なことである。また、販売寿命が短くなっているとき、戦略的地域性を考慮したグローバル生産の垂直立上げは重要なポイントである。日本企業が世界の中で勝ち残っていくためには、グローバルスタンダードでの推進と同時に、この市場対応型として海外生産は順次拡大していくべきであろう。

拡大するグローバル市場への対応のカギとなるのは、市場競争力のある得意な技術をベースとした「選択と集中」である。グローバル市場へ向いた価値創造ができる組織を構築し、世界各地域の実態を理解した製品価値開発で対応することである。そうしないと、今まで日本が得意だった分野でも世界的にはじき飛ばされかねない時代である。

1.3　製品の変化と販売寿命

　この数年間で大きく様変わりした製品には、携帯電話がある。携帯電話が登場した時の表示用液晶は小さく白黒であった。これが今では、大きなカラー液晶に変わった、表示画像の解像度も向上し、テレビも楽しめるサイズになった。電話としての会話だけでなく各利用者間のメール機能が、携帯電話の利便性を広げた。さらにインターネットと連携することにより、ショッピングや電車や観劇の予約など、利用シーンは大きく広がった。一部メーカーのカメラ機能がいつの間にか、標準機能となり、今では、NAVI機能やテレビ受信や音楽携帯、お財布携帯の機能まで具備したものになった。この変化は、半年単位でどんどん変わっていったものであり、そのたびに新機能が新しい市場を広げた例でもある。また、機能を限定し、複雑な操作を排除すると同時に、表示文字も大きくしたらくらくホンなど、対象市場を限定した製品への多様化も進んだ。

　テレビやオーディオ機能をもった携帯電話だけでなく、エレクトロニクス製品の複合化は進んでいる(本当は、市場をとらえられず氾濫しているだけなのかもしれないが)。例えば、前述した通信に関連した機能の複合化だけでなく、テレビとパソコンが融合したテレビパソコンや、スキャナー・コピー・プリンターの機能を備えた複合複写機など多種類のものが出現している。

　また、製品のもつ機能以外にも求められるポイントは増加している。例えば、利用する顧客を中心とした考え方として、ユーザビリティデザイン・ユニバーサルデザインや安心安全対応といったものが重要になっている。ユーザビリティデザインは、地域性なくどこでも使えるといった考え方である。また、ユニバーサルデザインは、性別・年齢層別に関係なく誰でも使える「使いやす

さ」などの考え方である。安全は、誤操作した場合でも問題を起こさない対応である。安心は、万が一想定外の異常が発生しても、それを自動的に察知して、人体に危害を与えることのない製品を設計することである。

社会性の観点からは、リサイクルのため効率的な解体対応や有害物質の除去に代表される地球に優しい環境対応も重要である。

つまり、製品は急拡大する必要機能を装備したうえで、利便性・安心安全性・社会性など顧客視点の多様化に応じた機能性をもつ要求が拡大しているのだ。

特殊な用途をめざした製品や他との圧倒的差別性をもたない製品では、市場での優位性をもつために、競合メーカーとの兼ね合いで常に新機能を生み出していかなければならない。特に、テープの癖などの経験やスキルが必要だったアナログ時代と異なり、デジタルが中心の現在では、日本国内のメーカーだけでなく、多くの海外メーカーからも毎日のように新製品が出される。このため各製品の販売寿命は極端に短くなった。少し気を抜けば腐って価値を失う生鮮食品のようになってきているのである。例えば、携帯電話やパソコンでは、販売寿命は、3カ月といわれている。このため、競合品の出現に対する開発トラブルによる出荷の遅れや、対象市場の読み違えによる生産量の判断ミスは、ビジネスの根本問題となる。

1.4 ソフトウェア比重の拡大

開発面から見ると、これらの機能を素早く実現し、新製品を短期開発するために、ソフトウェア開発の重要性がますます高まっている。各製品を見てもソフトウェアの規模は、巨大化している。FOMAの携帯端末で、ソースコードにして1,000万行、DVDプレーヤーで600万行、カーナビで500万行、薄型テレビで400万行などである。また、設計費で見ると、DVDレコーダーでは、60％がソフトウェアであり、携帯電話では、80％を占める。ソフトウェア比率の上昇により、ソフトウェア品質が製品品質の重要ファクターとなった。ソフト

ウェアの障害が、出荷時期を大幅に遅らせ、ビジネスとしてのタイミングを失ったという話はよく聞かれる。逆に、出荷した後でソフトウェア障害が発見されてリコール問題を起こし、企業イメージに多大な損失をもたらした例も、昨今のニュースで見られる。

　このソフトウェア開発の生産性向上という課題は、近年出てきた話ではない。過去から地道に進められてきたものである。ただし、メカ(機構設計)・エレキ(電気設計)に比べ、その展開は遅い。これは、人間系であるソフトウェア開発の本質的な問題であるが、開発プロセスから見てもソフトウェア開発工程での仕様修正調整やテストマシンの遅れによる作業のしわ寄せが見られないこともない。

　グローバルな視点から見ると、ソフトウェア開発のマネジメント品質の向上を目的として、CMMの取組みが行われている。日本でも各社でその適用が実践されている。また、開発効率化ツールについても、ネット社会を反映した遠隔地でもサイトで使えるソフトウェアの構成管理ツールや開発言語の高度化、静的／動的テストツールや管理ツールの開発なども続けられている。欧州の表現力・デザイン力、米国の構想力に対し、日本は緻密な擦り合わせ力が特色だといわれる。ソフトウェア開発は、構想力と緻密な擦り合わせ力で構成されるものである。特に、エレクトロニクス製品に組み込まれるソフトウェアの品質を考えると、この分野は日本の得意な分野であるといえる。今後の展開に期待したい。

　このようなソフトウェア問題と新製品開発のスピードアップは、製品の提供形態も変えてきている。一旦製品を出荷した後、ソフトウェアの改善版をインターネットで提供し、製品をレベルアップしていく方法や、筐体や形状のデザインはほとんど変わらないが、ソフト機能だけが短期間に少しずつ高められ、その都度、新製品として出荷していく方法である。これらはインクリメンタル開発などと呼ばれているが、主に、ソフトウェア開発の難しさから生まれた製品提供・開発の方法でもある。

1.5　売り方の変化とライフサイクルコスト管理

　音楽が氾濫している時代なのに、CD販売が落ちている。若者がCDを買わずに、ネットから音楽をダウンロードして音楽を得るケースが増えてきている。CD（モノ）を所有することよりも、音楽を手軽に聴く・楽しむことを求めている。Apple社の「iPod」は、この変化に対応した代表的製品である。つまり、音楽を楽しむという環境を、音楽の著作権・販売権まで含めて手軽に活用できる仕組みを提案している。カッコ良さや音質の良さ、軽量さ、価格の勝負であれば、他の製品にすぐに追いつかれ、販売寿命は短いはずであった。しかし、インターネットと連携した利用シーンの仕組みを構築することで、製品の寿命を大きく伸ばしたといえる。

　利用者の多様性に合わせ細分化したモノ余り時代にも、長寿命をもつヒット商品と呼ばれるものは必ず登場するものである。しかし、通常は、多くの新製品を素早く開発し、市場でその成果を確認しつつ、売上や利益を確保していかなければならない。このスピードは、グローバル市場での競合で重要なポイントである。製品企画を始めた後も市場は急速に変化する。競合メーカーも新製品開発を進めている。圧倒的な新機能を企画しても、開発に手間取ることもある。そうなれば、市場参入が遅れ、新機能の大半が陳腐化する。その結果、予測を大幅に下回る結果になったものも多い。

　逆に、フラットテレビやDVDレコーダーのように、予測を上回る価格低下から、企画以上に急速に販売台数を増やしているものもある。販売数の企画以上の増加は、製造メーカーにとって歓迎されるものであるが、製品の生涯収支という意味では、問題が発生する場合もある。このため、企画・開発時点からのきめ細やかなライフサイクルコスト管理と、経営判断の素早さが重要になっている。発売時期と部品調達を含めたコストダウン対策やソフトを含んだ品質確保のための費用と期間の関係や、サービス面まで含んだ費用やサービス収益などを考えた製品の売り方をチェックすることが必要である。

「iPod」のような従来の製品販売の枠を超えた、ネットワーク時代の使われ方の検討が今後の課題だ。長期的なヒットにつなげるためには、顧客が想定する機能だけでなく、利用シーンの改革を踏まえた付加価値の提案内容(ときには仕組みやビジネスモデルなど)を作り出し、ビジネスへ展開することも大切である。

1.6　技術革新とオープン化・モジュール化の進展

　エレクトロニクス業界の技術革新のスピードは加速している。これは、利用者の扱うデータ量が増加していることや、インターネットや携帯電話のように急増する利用者への対応からきている。データ量が増えたのは、メールの文字データが中心の世界に、写真や絵などのイメージデータが付加され、さらにビデオなどの映像データも加わったからである。データ量は指数関数的に増加している。このため、伝送速度は高速化の一途をたどっている。

　一方、形状は小型化し、省エネから低電圧化が求められているため、電気設計のマージンは減少し、設計難易度は上昇している。なぜなら、小さな空間に高密度に部品を配置することは、ノイズ問題や発熱問題を顕在化させるからである。

　また、デザイン上での高級感や見栄えを重視する戦略から、外装素材もプラスチックからマグネシウム合金へ、アルミニウムからチタン合金へ変化している。これは、今まで蓄積したプラスチックやアルミニウムにかかわる製造技術ノウハウをベースに作られた設計ルールの変革でもある。

　基幹媒体もテープ、CDから、ハードディスクやメモリに変わり、オーディオ機器や放送・映像機器などの産業では、基本技術はもちろん、周辺技術も含め製品構成全体の見直しが続いている。

　新たな基幹部品や素材の出現は、製品アーキテクチャの変革を生み出すものである。これは、市場の動向を一変させる可能性をもっている。このような変化は、これから継続し、技術部門は常に変革に挑戦していかなければならない。

一方、さまざまな媒体で活用されるコンテンツの共有化を図るために、基幹部品・基幹モジュールでの世界標準のインターフェース仕様作りが、活発に展開されている。前述のように、エレクトロニクス市場は、グローバルスタンダードに則った製品でないと世界市場への参入は難しい。

　例えば、日本企業がリードする DVD フォーラム Technical Coordination Group の活動では、DVD 利用の共通性確保のため、標準仕様が作り上げられている。別の言い方をすれば、この仕様の標準部品を組み合わせるだけで、デファクトスタンダードをもつ完成品を、世界中のどこのメーカーでも作れる環境を作り出していることになる。これらメーカーをキャッチアップ型メーカーと呼んでいる。標準部品の大量生産・グローバル供給は、部品価格の下落を生み出し、製品単価にも跳ね返ってくる。この結果、グローバルな標準部品を生み出すメーカーは、世界市場から利益を吸収することになる。一方、コスト以外の差別化機能をもたない完成品メーカーは、キャッチアップ型企業の参入による製品価格の下落で、市場から撤退せざるを得ない状況になる。

1.7　スマイルカーブとムサシカーブと開発部門の利益意識

　企業価値を利益率に求めるのは一方的過ぎるように思えるが、利益率が企業評価の重要要素であることは否定できない。スマイルカーブは、製品のライフサイクルの工程ごとに利益率を考えたものである。縦軸に利益率をとり、横軸に製品のライフサイクル工程をとると、**図表 1-2** のような、スマイルカーブになるという。

　上流工程での製品の企画や要素開発と下流工程での販売やアフターサービスは、付加価値や工程としての利益率が高いが、真ん中の組立工程は、付加価値や利益率が低いことを示したカーブである。これは、パソコンで成功を続ける Dell 社のビジネスモデルを説明しているという。従来の、自社で何でもやるという考え方に警鐘を鳴らしている。つまり、顧客に近い部門の価値が高く、付加価値の低い組立工程を EMS 企業や ODM 企業が活用していくことのベー

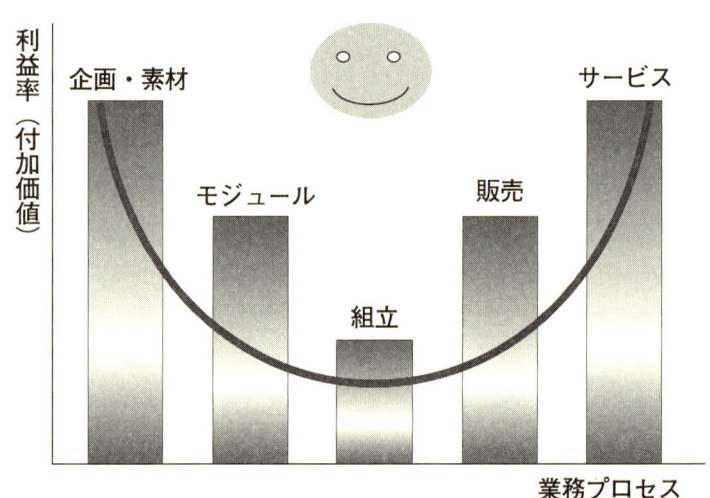

図表1-2　スマイルカーブ

スとなる考え方である。このカーブの証拠として、日本の総合電機メーカーと素材メーカーの営業利益率の差をあげる人も多い。

　一方、元(株)ソニー中村研究所の中村社長は、ムサシカーブを提唱している。これは、スマイルカーブの上下を反対にしたもので、日本メーカーが利益を損ねているのは在庫であり、在庫のない組立工程を作り出せば、利益率は向上するというものである。市場に連動した最適の生産と、低価格で必要数のみの部品調達の二刀流により製品在庫・部品在庫を減らせば、利益率は当然向上するという。

　このムサシカーブは、セル生産や部品の共同調達・ものづくり現場の改善努力などを正当化するものである。

　スマイルカーブやムサシカーブを種々の成功製品にあてはめると、それぞれ納得のいく説明だということがわかる。各製品の製品戦略・企業戦略により検討しなければならないが、開発部門にとっても、このような利益率を念頭にお

いた活動は、この数年、現場力として育成されている。これが直近の売上・利益の数字に左右されるものであれば問題であるが、自社の技術力・製品がもつ顧客への価値、そして企業としての利益の関係について正面から議論されるならば、夢のある製品が生み出される日も遠くないであろう。

一方、開発部門の利益貢献は、魅力ある製品をタイムリーに適正価格で開発し続けることである。このためには、各開発者が技術力だけでなく、現場対応力ももたなければならない。例えば、それはエレクトロニクス製品のベースとなる社会生活の変化を敏感に受け止める感性である。そして、技術動向や市場動向とともに素材の変化に注視し、グローバルスタンダードを指導する高い知見である。また、本書の命題でもある開発プロセス革新への情熱も必要とされる現場対応力である。

【参考文献】
(1) 福澤光啓、立本博文、新宅純二郎:「ファームウェア・アーキテクチャの揺れ動きとその要因」、MMRCディスカッションペーパー、2006年7月。
(2) 小川紘一:「製品アーキテクチャ論から見たDVDの標準化・事業戦略」、MMRCディスカッションペーパー、2006年1月。
(3) 「利益主義への変貌」、「技術者への警鐘」、『日経ものづくり』、2004年10月号。
(4) 「マシンガン体制で世界を護れ」、『日経エレクトロニクス』、2006年4月24日号。

日本の製造業の開発プロセスの特長とITの課題

第2章

- 日本の製造業の仕事のやり方、ワークスタイル、製品開発の進め方には欧米にはない特性がある。この特性は「擦り合わせ型のプロセス」と相性がよい。また仕事のやり方は、ものづくりのためのITに影響を与える。
- 「擦り合わせ型のプロセス」は、製品特性や市場環境、技術環境、競合環境にかかわる13の主要な要因が複合的に重なって発生する。また、時間の経過とともにプロセスは動的に変化する。
- 企業の特性を強みとして発揮させることが、競争優位のための基本戦略である。ITはその強みを最大限に発揮できるように支援すべきである。そして、日本のものづくりのためのITには必須条件がいくつかある。

2.1 ワークスタイルと開発プロセス

2.1.1 製品開発プロセスにおける日本企業の特性

まず日本の製造業の仕事のやり方、ワークスタイル、組織風土の特性を整理し、次項の米国との対比やITとの関係を考察する出発点とする。種々の見方が考えられるが、ここでは4点に整理した。これらは相互に密接な関連性をもっている。

まず第1に、日本企業の特性として「**多能的技術者や多能工の重視**」があげられる。次項で詳説するが、日本の設計部門の開発担当者は、米国型のエンジニアでもありデザイナーでもあるケースが多い。

またトヨタ生産方式に見られるように、製造現場においては多能工が非常に重視される。セル生産も多能工を前提とした発想であり、一人で数千部品の製品を組み立てるような「一人セル方式」で最先端製品の製造が行われている例もある。

ホワイトカラーであり、かつブルーカラーであるといった人間も多い。これと関係して、職務規定には書かれていない未定義の仕事が発生したときには、積極的に相互補完しながら解決にあたるという風土も育成されている。

第2は「**チームワークの重視**」である。製品開発の初期段階からサプライヤーや関連部門を含むチームワークで開発を進める例が日常化している。1つの部門内でもチームやグループでの仕事が重視される。部門横断的なワーキンググループも明示的ないしはボトムアップで作られ、ものづくりの重要な局面で活動している。こういったチームにおいては濃密なコミュニケーションが保たれ、チームの責任者はリーダーシップに加えて「調整力」や「取りまとめの力」を発揮することが期待される。

第3は、結果だけでなく「**意図や意味の共有**」を重視する姿勢である。リーダーは担当に、前工程は後工程に、製品メーカーは部品サプライヤーに、決定事項（＝工程の結果）を伝えるだけでなく、なぜそういう結果になったかという背後の意図や意味をも伝え、その共有が行われる。またそれにもとづく担当／後工程／サプライヤーからのフィードバックを許容し、奨励する風土がある。こういった意味や意図はノウハウとして明示的ないしは暗黙に蓄積され、次機種や次製品の開発に役立てられる。サプライヤーとの息の長い取引関係も、この意図や意味の共有をベースに成り立っている。

第4は、「**現場を重視し、改善を蓄積させる**」姿勢である。日本ではものづくりに携わる全員が現場の実態に即した改善提案を出すことが期待され、改善のPDCAサイクルが全員参加で回される。こういった「現場力」を重視して企業の競争力を高めるという強い指向が日本の製造業のDNAである。

キーワードである「改善」は毎月1％の効率向上を3年間繰り返すと50％近くのアップになるという考え方であり、改革は改善の土台がないとできないとする風土である。これは生物の進化と非常によく似ている。生物は、極めて小さな変化がランダムに発生し、有害なものが排除され有用なものが自然選択されるという過程が膨大に積み重なって進化してきた。生物のように複雑で精緻な体系ができる過程はこれしかない、というのが現代科学の結論である。ものづくりの全体プロセスは生物ほどではないにしろ極めて複雑であり、プロセスを進化させるのは「改善」が基本であろう。

以上述べた、多能的技術者、チームワーク、意図の共有、現場力の重視とい

った日本の製造業の特性やワークスタイルは「擦り合わせ型アーキテクチャの製品に強みを発揮する」といわれており(藤本隆宏『日本のもの造り哲学』など)、それを裏づけるデータが実証研究によって明らかにされつつある。本書もこの視点から日本企業の特性を整理し、かつITとの関係を考察する。ただし本書では「擦り合わせ型アーキテクチャの製品」を「擦り合わせ型プロセスで開発される製品」に拡張して議論を展開する。「擦り合わせ型プロセス」については2.2節で述べる。

2.1.2　米国製造業との対比

　前項で述べた日本の製造業の特性と比較すると、米国の製造業はおおむね以下の特性をもっている。

　まず、2.1.3項で詳説するエンジニアとデザイナーの職種分離に見られるように「専門分化」の傾向が強い。専門分化した中では、仕事とミッションの定義は文書で明確化される。さらに指示や伝達も文書で公的になされ、トップダウン中心の風土を背景としたフィードフォワードの情報伝達が主流となる。

　米国においては、トップやリーダーの責任は明快である。改革や改善はホワイトカラーが考えるべきことである。エリートを許容し、積極的に育成していこうという風土もある。

　この日本と米国のワークスタイルの違いは価値判断とはリンクしない。互いにメリットもあるしデメリットもある。日本のワークスタイルが「擦り合わせ型アーキテクチャの製品」に強いというとき、それはメリットととらえている。しかし、それが弱点となることもある。例えば、企業のグローバル展開にともなって現地のサプライヤーとの新たな取引が必要になるとき、サプライヤーとの「チームワーク」や「濃密なコミュニケーション」や「意図や意味の共有」を前提としたプロセスは明らかにデメリットである。

　こういった特性は「傾向」であって、1かゼロかの世界ではない。日本にも米国的ワークスタイルの会社がある。また、米国製造業は1990年代に日本的ものづくりを深く学習(＝ Lean Manufacturing)して、競争力の復活に貢献した。米国自動車産業などで、それが標準となっていることは周知の事実である。し

かし「傾向」はまぎれもなく存在する。この傾向が、ITツールや競争優位のための企業戦略に影響するのである。

2.1.3　ワークスタイルがITツールに与える影響

　ものづくりに使われるITツールは、価値の創造を担う人(＝技術者)が直接使うものである。したがって、その技術者のミッションやワークスタイルに深く影響される。このことを設計部門での代表的なITツールである機械CADを例にとって見てみよう。

　米国では、設計部門の技術者が「エンジニア」と「デザイナー」に職種分離されていることが多い。これを「米国型」と呼ぼう。「米国型エンジニア」は設計上のアイデアを出し、製品を創造し、最終決定する責任をもつ。これに対して「米国型デザイナー」はエンジニアの意図を具現化し、詳細化して検証する。

　一方、日本の設計部門においては、こういった職種の分離は一般的ではない。米国型エンジニアと米国型デザイナーを兼務する「日本型設計者」がいるだけである。もちろんリーダーと担当での分担、ベテランと若手の間での分担はあるが、職種の分離ではない。

　米国においてCADとは「米国型デザイナー」のためのツールである。彼らはCAD使用のプロフェッショナルであり、特定のCAD(メジャーなCAD)のプロであることがキャリアパスとなる。一方、米国型エンジニアはCADはほとんど使わない。使うとしても、検討のための簡易CADを使う程度である。いずれにせよデザイナーが使うような高機能の「正式のCAD」は不要である。

　このような環境下において「米国型デザイナー」が使うCADに対して何より求められるのは、プロが使いこなすツールとしての、また検討結果の具現化・詳細化ツールとしての機能メニューの豊富さや、辞書的網羅性のある機能セットである。

　一方、日本型設計者が使うCADに求められるのは、使いやすさである。アイデアを生み出す人間(＝日本型設計者)が使うツールとしての設計検討のしやすさや、設計意図の可視化の容易さである。もちろんそれに加えて、製品の具現化や詳細化の機能も求められる。このようにワークスタイルは、ITツール

に影響を与える。

　ワークスタイルの相違は、単にツールそのものに影響するだけではない。ツールの導入プロセスにも影響する。例えば、米国のエンジニアとデザイナーの職種分離の環境においては、2次元CADから3次元CADへの変更は比較的容易である。設計部門のトップが変更を宣言すれば、「米国型デザイナー」は3次元CADをプロとしての自負をもって必死に習得するだろう。そうでないと職を失うからである。しかも「米国型エンジニア」にとっては3次元CADを自分で使うわけではないので、導入による「被害」はなく、メリットだけを享受できる。

　しかし日本ではそうはいかない。試行錯誤を含む検討から行う日本型設計者は、従来から使っている検討ツールとしての2次元CADを取りあげられると困ってしまう。3次元CAD習得の時間も十分にはとれず、設計期間がかえって延びるという結果になる。日本における欧米製3次元CAD導入の失敗の主な原因はこれである。

　このような事情を敏感に察知している日本の設計部門長の中には、欧米製3次元CADを導入する際にCAD操作専門の技術者を雇用したケースがあった。これは、英断というべきである。しかし、逆にワークスタイルとITとの関係を無視し「2次元機能がまったくない純粋な3次元CADの方がよい。やむを得ず3次元に早く移行するから」という部門長もいる。これは米国型職務分担の範囲においては極めて正しい論理であるが、この論理を押しつけられる「日本型設計者」にとっては迷惑千万であろう。

　ここで3つの点に注意したい。第1点は、ワークスタイルに影響されない世界共通のツールの存在である。世界共通である物理現象を方程式を解いてシミュレーションするツール(いわゆるCAE)はその代表だろう。製図ツールもこれに近い。

　2点目は、米国型のメリットも種々あり、それを反映したITツールに学ぶべきことも多いことである。

3点目は、米国型と日本型は、米国ではこう、日本ではこう、というのではないことである。日本においても、設計受託会社からの派遣技術者と共同作業するようなケースは米国型といってよいだろう。また従来から米国型が定着している会社(自動車会社の一部など)もある。

しかし重要なのは、ものづくりにおいてはワークスタイルが必然的にITツールに影響を与えるということである。特に業務に入り込んで改革・改善を狙うツールは、ますますその度合いが高まっている。その業務のやり方とITのマッチングや最適選択が必要だということである。

2.2 擦り合わせ型プロセス

日本の製造業の特性、ワークスタイルが「擦り合わせ型プロセス」に強みを発揮することを前節で述べたが、本節ではその「擦り合わせ型プロセス」の定義と、なぜそのようなプロセスが発生するのか、および製造業の競争優位との関係を整理する。

2.2.1 擦り合わせ型プロセスの定義

製造業のものづくりプロセスは「モジュラー型」が基本である。つまり、

- 製品の目標仕様、スペックを実現するために、製品を独立した要素、部分、部品に分解する(＝モジュール化)
- モジュール間のインターフェースを明確化する
- モジュールをさらに最終部品にブレークダウンしていき、この過程を繰り返して製品の設計を完成させる
- 部品を製造ないしは調達し、組立て、最終製品化する

というプロセスである。このモジュラー型のプロセスは、共通部品化や作業の標準化を通してコストを低減し、開発スピードを早め、品質を安定させるための決め手であって、メカ(機構)、エレキ(電気)、ソフト(組込みソフト)の全般にわたっての基本の開発プロセスになっている。

これに対して「**擦り合わせ型のプロセス**」は、部品やユニット、設計要素の

間の相互依存性が強い。そのため、それらの間の相互調整やインターフェースの見直し、フィードバックなどを繰り返し、製品設計を徐々に成熟させ、練り込んでいく(＝擦り合わせていく)プロセスが必要なのである。もちろん基本は「モジュラー型のプロセス」だが、それを骨格としながらも、擦り合わせの要素が強いのである。「擦り合わせ型」とは、そこが開発プロセスの非常に重要なポイントとなっている場合を指す。

「擦り合わせ型のプロセス」を簡易的に定義すると、

> 相互依存性のある部品群やユニット群を、互いに調整しながら設計ないしは試作することにより、高品質の製品を短期間開発するプロセス

といえるだろう(**図表 2-1**)。

もちろん「モジュラー型」に対する「擦り合わせ型」は程度問題であり、2つを峻別できるわけではない。どちらの傾向が強いかという問題である。また後で述べるように、1つの製品をとってみても「擦り合わせ型」と「モジュラー型」のどちらの傾向が強いかは時間の経過とともに変化していくことが多い。つまり固定的ではない。このことに注意しつつも「擦り合わせ型のプロセス」が企

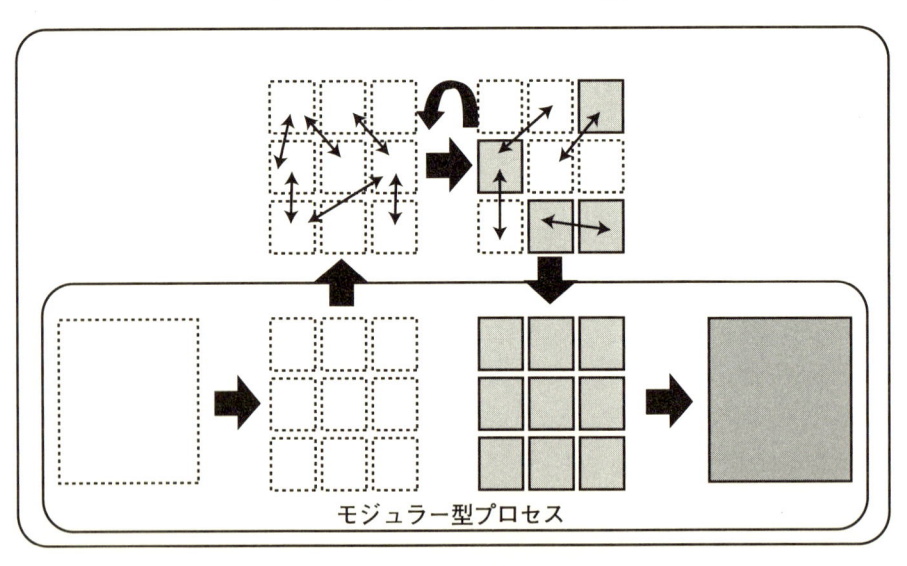

図表 2-1　擦り合わせ型プロセス

業の競争優位、特に日本企業の競争優位のためのキー概念であり、そこに重要性がある。

2.2.2　擦り合わせ型プロセスの発生要因

　擦り合わせ型プロセスは、設計要素(部品、ユニット、部分など)の間の相互依存性により発生する。ではこの相互依存関係、モジュール化しにくい相互関係はなぜ発生するのであろうか。それはさまざまな要因が複合的に重なる結果である。その主要な要因を「製品特性からの要因」と「市場・技術・競合環境からの要因」に分け、13個に整理してみよう。

(1)　製品特性からの要因

要因1：機能と部品の関係が1対多である製品(図表2-2)

　製品の1つの機能を1つの部品が受け持つのではなく多数の部品が受け持ち、また逆に1つの部品は多数の機能を果たす場合である。いわゆる「擦り合わせ型アーキテクチャの製品」であり、クルマ(乗用車)はこの典型である。
　例えば衝突安全性というクルマの重要機能をとってみると、この機能はボディーや車台、エンジンルームの部品群、エアバッグシステムなどの多数のモジュールやユニットの総合的な設計の結果として実現される。逆にボディーは衝突安全性だけでなく、デザイン性(意匠性)、空気力学特性、燃費、室内静粛性

図表2-2　機能・部品関係が1対多

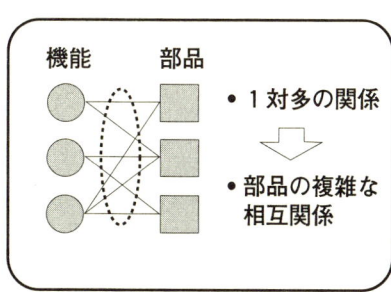

図表2-3　コンパクトかつ高機能

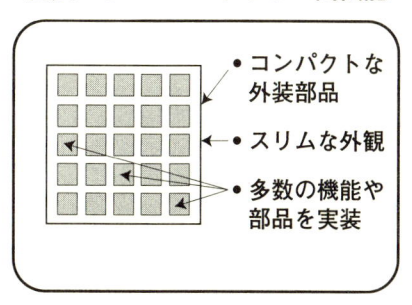

などの多数の重要特性に関係している。

　このように機能―部品関係が1対多であるときには、それを通して部品間に複雑な相互依存性が発生し、擦り合わせ型プロセスの要因となる。特にクルマのように多数の部門やサプライヤーが共同作業で開発を進める場合には、人と人、工程と工程間の相互依存が多数発生することになる。

要因2：コンパクトかつ高機能の製品（図表2-3）

　製品の高機能化などにより、多数の部品をコンパクトな外装部品の中に実装しようとすると、実装設計の難易度が高まり、必然的に部品間に相互依存性が発生する。モバイル系の電気製品などによく見られるケースである。

　パソコンを例にとると、デスクトップやデスクサイドのパソコンはモジュラー型の要素が強い。しかしノート型のパソコン、それもモバイルを前提にした製品では、極めてコンパクトかつ薄型の外装の中に部品を高密度に実装する設計が必要になり、デスクトップでは現れなかった部品間の相互依存性が発生する。

　コンパクトというのは単に大きさが小さいという意味ではない。部品点数を考慮した相対的なコンパクトさであると理解すべきである。その意味では2～3万点の部品からなるクルマは「コンパクトかつ高機能製品」であろう。

要因3：設計途中で新規部品が多数発生する製品（図表2-4）

　産業用機械・装置によく見られる例である。半数以上の部品が、その機械・装置の設計の過程で決まっていく新規部品というケースである。こういった設計のプロセスにおいては、新規部品は一度決めてもそれが固定的になるのではなく、その後の設計の過程でさらに複数の部品に分割されたり、また複数の部品が融合して1つの部品になったりすることが発生する。また部品間のインターフェースも、その装置固有のものである。

　ここに相互依存性が発生し、擦り合わせが必要となってくる。

図表2-4 新規部品が多数発生
- 部品へ分割
- 部品の融合
- 部品間インターフェースは非標準
- ■ 新規部品

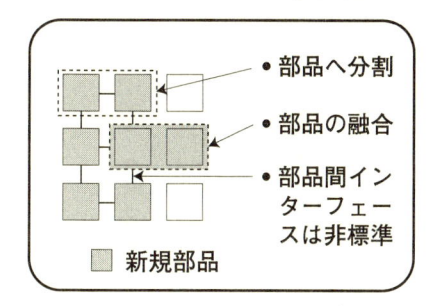

図表2-5 重要特性が全体依存
- 衝突安全性
- 落下時の耐衝撃性
- 軽量化
- 省エネ化
- 環境負荷軽減
- 総合性能

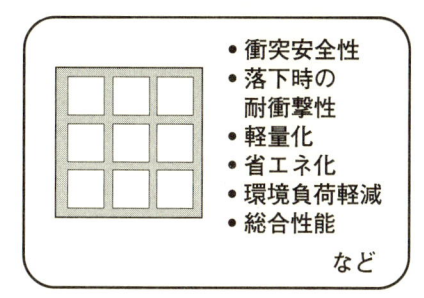

など

要因4：製品の重要特性が全体依存である場合（図表2-5）

　その製品にとっての極めて重要な特性が、製品を構成する部品の総体的な特性や相互関係に依存しているケースがある。要因1で述べたクルマの衝突安全性は、まさにそのような場合である。類似のケースにモバイル製品の落下時の対衝撃性がある。このような対衝撃性を外装の強固さだけでカバーすることはコスト・意匠・軽量化などの観点から不可能であり、実装する各部品の設計や総合的な配置方法で決まる。

　また、製品の軽量化や省電力化・省エネ化なども全体依存であり総合技術であるケースが多い。さらに複写機の重要特性である「複写速度」が、光学技術、メカ技術、電子処理技術の総合技術であるように、製品のキーとなる処理性能が全体依存であるケースは多々ある。

要因5：電気系と機構系の相互依存性（図表2-6）

　高密度実装や製品機能の進化にともなって、メカ系（機構系）の設計と電気系の設計の相互依存性も高まってきた。

　電磁波にまつわる、放射・イミュニティ（電磁妨害を受ける環境でも、正常に動作する能力）・アンテナ指向性などの問題は、電磁波の発生源や影響先は電気系であるものの、筐体・外装・メカ部品の配置などの機構設計のかかわり合いがある。静電気の影響検討も同様である。また電気系で発生する熱の排出問題もメカ設計と電気設計の相互依存の問題である。

　さらに製品の高密度実装が進展すると、電気系部品であるプリント板を、単

図表2-6　電気・機構の相互依存

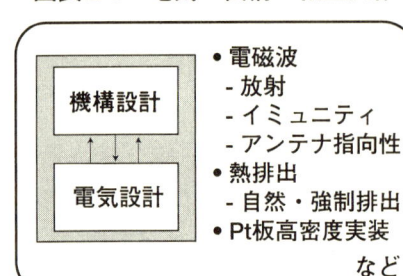

- 電磁波
  - 放射
  - イミュニティ
  - アンテナ指向性
- 熱排出
  - 自然・強制排出
- Pt板高密度実装

など

図表2-7　設計マージンの減少

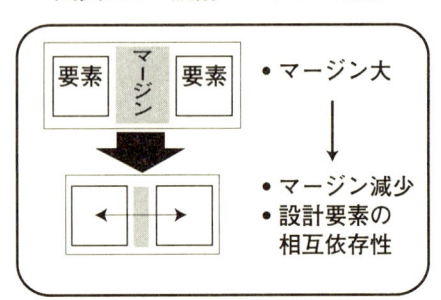

- マージン大
- マージン減少
- 設計要素の相互依存性

なる板ととらえて実装設計することは困難となる。部品1つひとつの3次元的な詳細形状や重要配線までを含めて「メカ」として、モデル化して検討する必要が出てくる。プリント板の部品配置や配線が機構設計や実装設計に影響するのである。

このような電気系と機構系(メカ系)の相互依存性は、今後ますます高まると考えられる。

要因6：設計マージンの減少(図表2-7)

設計マージンの急激な減少が、従来なかった部品間の相互関係を発生させることがある。

例えば、デジタル機器の最先端の電気設計においては、動作クロック数がギガヘルツのオーダーになった。また素子の動作電圧も以前の3V程度から1Vへと低下している。このため伝送路を流れる電流波形の設計マージン(理想値からのズレの許容限度)は極端に少なくなってきている。この状況により、LSIやメモリなどの部品単体だけの検証では機器の動作保証が不可能になり、部品と配線とそれらを搭載するプリント板を含めた総合的な組合せや調整が設計の重要事項となってきた。

このように設計マージンの減少が、部品や設計要素間での従来なかった相互依存性を引き起こしている。

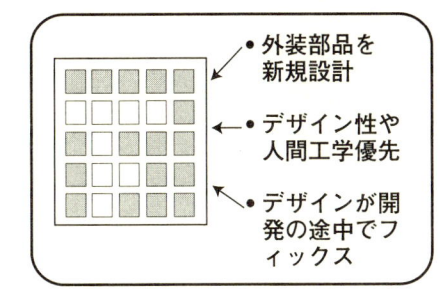

図表 2-8　デザイン性最重視
- 外装部品を新規設計
- デザイン性や人間工学優先
- デザインが開発の途中でフィックス

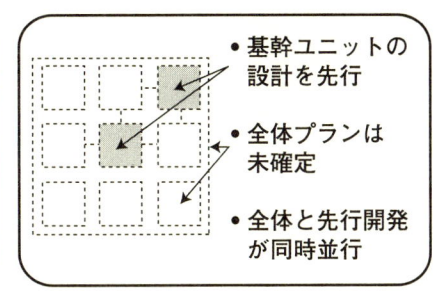

図表 2-9　開発期間が極短期
- 基幹ユニットの設計を先行
- 全体プランは未確定
- 全体と先行開発が同時並行

要因7：デザイン性が最重視される製品（図表2-8）

　クルマやモバイル機器では、人間の視覚（見た目や印象）や触覚（持ちやすさ、なじみやすさなど）の観点から外装のデザイン・意匠が決まる。一方、内部に実装される機構は機能の実現の観点から決まる。この2つの観点は本来別物であるが、製品としての成立性はこの両者の擦り合わせで決まる。

　デザインや意匠は最重視される。そのため、開発プロセスの途中での修正・変更があったり、開発の後半で最終フィックスされることも多く、変更にともなう内部機構の調整が必要になってくる。

(2)　市場・技術・競合環境からの要因

要因8：開発期間が極短期間（図表2-9）

　非常に短期間で開発を進める製品は、全体の構想の完了を待っていたのでは納期が間に合わない。したがって、全体プランが未確定のまま、重要部分やクリティカルパスとなるユニットの開発を先行させることがある。

　このようなケースでは、全体がフィックスすると先行している部分への影響がまぬがれない。ゆえに、こういった先行プロセスと後発プロセスの調整や擦り合わせが発生する。

要因9：流用設計で新モデルを設計（図表2-10）

　短期開発やコスト削減などの目的で、先行機種の設計の多くを流用し、新規

図表 2-10　流用設計で新モデル

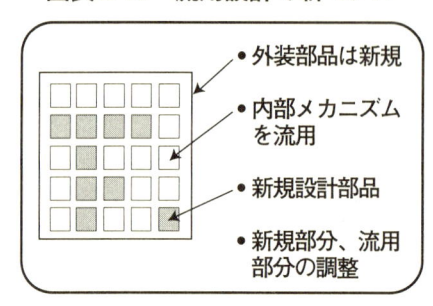

- 外装部品は新規
- 内部メカニズムを流用
- 新規設計部品
- 新規部分、流用部分の調整

図表 2-11　DFXの追求

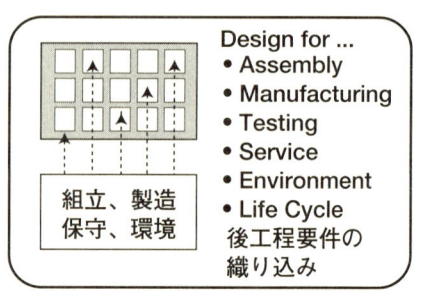

Design for ...
- Assembly
- Manufacturing
- Testing
- Service
- Environment
- Life Cycle

組立、製造保守、環境
後工程要件の織り込み

開発部分とをあわせて、新製品を作るようなケースである。流用部分をできるだけ多くし、かつ新製品の要求性能を満たすためには、流用部分と新規部分の試行錯誤を含む調整が必要である。

要因10：DFXの追求（図表2-11）

　製品は顧客に使われるものである。当然、利用者のための設計（= Design for User）を前提としている。

　しかしコスト削減、短時間での製造、環境問題への対応を考えると、製造性を考慮した設計（Design for Assembly/Manufacturing）、保守性・サービス性を考慮した設計（Design for Service）、LCA（ライフ・サイクル・アセスメント）やリサイクル性といった環境負荷を軽減する設計（Design for Environment）が重要になってくる。

　こういったDFX（Design for ...）の追求を設計過程で行うためには、ものづくり全般に内在している幅広い知見が必要である。そのためには、関係するエンジニアのノウハウや知恵を結集しなければならない。こういった過程も擦り合わせや調整の重要なプロセスである。

要因11：技術の進歩、変化が激しい（図表2-12）

　技術進歩の激しい分野の新製品開発においては、企業にとっての何らかの新技術が使われることが多く、関連する既存技術との調整が重要になる。なかには、採用する基幹部品のスペックや基幹部品と関連部品のインターフェースを

```
図表 2-12  技術進歩が激しい        図表 2-13  新コンセプト製品開発

・開発途中で中核部品を大きく変更     映像録画機
・開発途中で採用技術を変更          （VTR→HDD）
・変更が全体に波及                 白物家電
                                 洗濯機・掃除機
                                 電子レンジ
                                 デジタル音楽
                                 プレーヤー   など
                               ●その時点での最新技術を導入
```

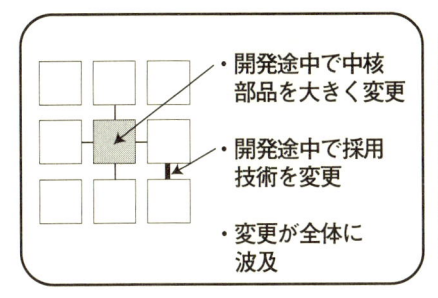

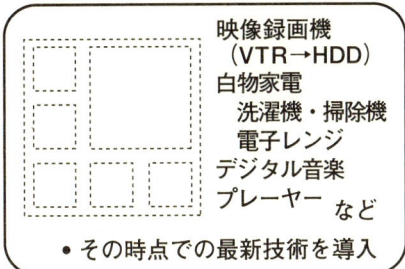

開発プロセスの途中で変えるケースもある。これは擦り合わせの発生要因となる。技術進歩による部品価格の低下で、同一のコストでより高スペックの部品が入手できる事態はしばしば発生する。

　もちろんこういう事態を防ぐには、開発プロセスを極短期にし、技術動向や競合他社の動向を最後の最後まで見届けてから開発に着手するという方法が有効であるが、これはまた別の擦り合わせ要因を生むことになる。

要因12：新コンセプトの製品開発（図表2-13）

　家庭用の映像録画機はVTRからDVD/HDDレコーダへと進化した。これは単にアナログテープがデジタルDVDに変化したというものではなく、製品の使い方そのもののコンセプトを変えてしまった。また洗濯機、電子レンジ、掃除機などのいわゆる「白物家電」においても、従来にない動作原理にもとづく新たなコンセプトの製品が続出している。

　こういった新コンセプトの製品においては、その時点での最新技術を総動員するのが通常であり、未踏分野の技術開発や部品開発にともなう試行錯誤も多く発生し、擦り合わせ型のプロセスになりやすい。

要因13：技術融合型の新製品（図表2-14）

　異種技術融合型の新製品の開発も、擦り合わせ型プロセスの要因となる。ハイブリッド車、複写機を進化させたデジタル複合機、デジタルTVとカーナビやパソコン、HDDレコーダ、携帯電話を融合させるといった例が典型的なも

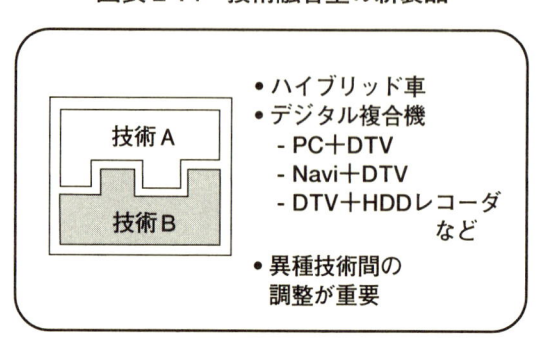

図表 2-14　技術融合型の新製品

- ハイブリッド車
- デジタル複合機
  - PC＋DTV
  - Navi＋DTV
  - DTV＋HDDレコーダ
  など
- 異種技術間の調整が重要

（技術A／技術B）

のである。

　このようなケースにおける新製品開発では、異種技術間の調整や、調整用の特別な部品やインターフェースが必要なケースが多く、擦り合わせ型プロセスの要因になる。

　以上に述べた13の主要な要因は、その多くが因果関係で結ばれている。したがって、単独で起こるのではなく、複合して発生する。複合要因により、モノ、ヒト、工程での相互関連性が発生するのが「擦り合わせ」の本質なのである。

　「モノ」とは、部品と部品の調整である。「ヒト」とは、開発者間のコミュニケーションや調整である。「工程」とは、前工程（設計など）と後工程（製造など）や関連工程（品質保証など）との間の相互調整である。

　したがって擦り合わせ型プロセスとは、設計者個人の設計過程における「擦り合わせ」はもちろんのこと、部門内の擦り合わせ（リーダーと担当者など）や、部門間の擦り合わせ（設計と生産技術など）などを含む概念である。

　こういった「擦り合わせ」が企業の部門内や部門間にとどまらず、企業間にもおよんでいることは特筆すべきであろう。

　特に日本では、独自の高い技術をもった中小企業が、先行技術開発・商品開発・製造設備開発の各段階において最終製品を受け持つ大企業との間で技術の「擦り合わせ」を行い、優秀な部品や素材を提供し続けてきた。こういった中小

企業は大企業と製品ロードマップや技術開発目標を共有し、日本の製造業を支えている。さらに地域的な企業群の集積により、極めて効率的な「擦り合わせ」を行ってきたことも見逃せない。

　昨今、製造業の日本回帰が進んでいる。経済産業省が2006年1月に行った上場企業305社の調査(288社回答)によると「国内に生産拠点を維持すべき理由」として飛び抜けて多いのは「開発と生産の一体化で有利」とともに「国内の部品・材料産業の集積や熟練工を活用した方が効率的」という理由であった(いずれの理由も60％の企業が回答)。日本の製造業の強みの一端を垣間見る結果である。

2.2.3　擦り合わせ型プロセスと競争優位

　製造業ビジネスにおいて競争優位に立つためには、企業の強みが最大限に発揮できる製品・領域に経営資源を投入し、そこに主たる競争の場を設定するのが原則である。またものづくりのためのITは、その企業の強みを倍化し、弱みを最小限にすることに貢献するのが使命である。

　この企業の強みの1つの典型であり、日本の製造業に広く共通的に見られるのが擦り合わせ型プロセスである。したがってそれと相性のよい製品開発や競争の場の設定が重要になる(図表2-15)。

　ここで2つのことに注意したい。1つは、2.1節にも述べたが、製造業のプロセスはモジュラー型が基本だということである。つまり無駄な(本来不必要な)擦り合わせは排除しなければならない。例えば、前工程でやるべき(しかもそれが可能な)事項の検討が不足しており、後工程でドタバタと調整するような「無駄な擦り合わせ」や、本来モジュラー型で開発できるはずなのに、構想段階の検討不足により「不必要な擦り合わせ」をせざるを得なくなるケースである。

　また、モジュール化への努力は怠ってはならない。例えば、数万部品以上といった極めて複雑な製品の設計では、設計の早期にシミュレーションなどの技術も駆使してモジュール分解しておかないと、後工程で調整を繰り返すやり方

第Ⅰ部　日本発デジタルものづくり

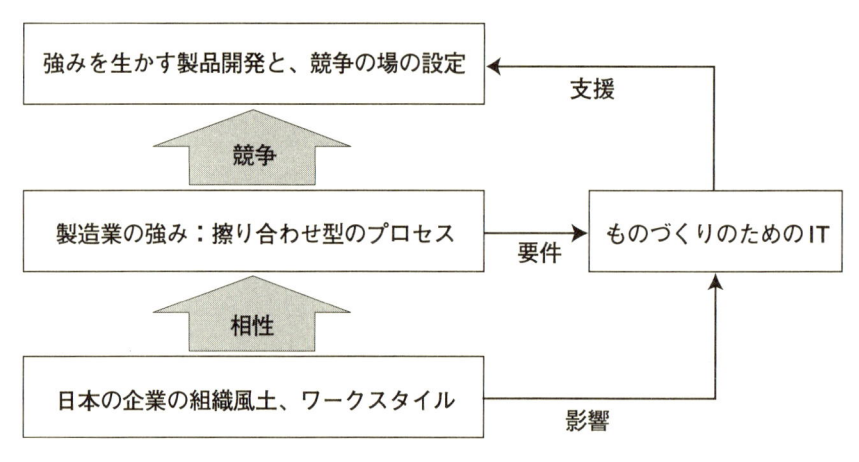

図表 2-15　競争優位のための基本戦略

```
強みを生かす製品開発と、競争の場の設定  ←― 支援 ――┐
         ↑競争                              │
製造業の強み：擦り合わせ型のプロセス ―要件→ ものづくりのためのIT
         ↑相性                              ↑
日本の企業の組織風土、ワークスタイル ――影響――┘
```

では最適解に収束しないであろう。

　2つ目に注意したいのは、モジュラー型、擦り合わせ型といったプロセスは決して固定的なものではなく、同一製品においても動的に変化するということである（図表2-16）。擦り合わせ型からモジュラー型へと動的変化を起こす典型例はデジタル技術を使った電気製品である。つまり、新しいジャンルの製品を最初に開発する段階では擦り合わせ型であるが、その後の時間の経過ととも

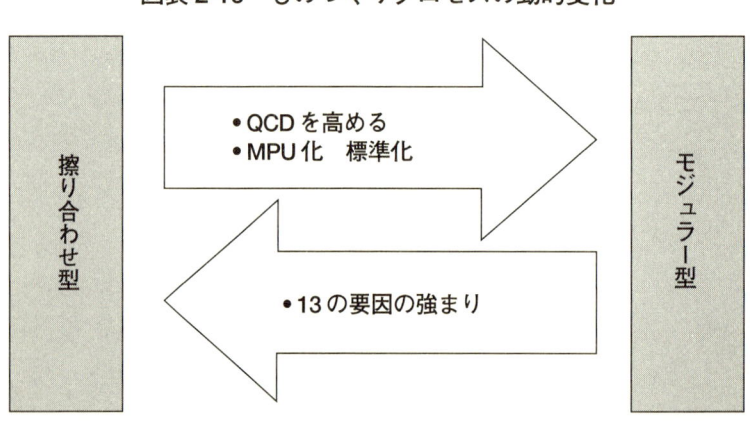

図表 2-16　ものづくりプロセスの動的変化

```
擦り合わせ型  ―→ ・QCDを高める         ―→ モジュラー型
              ・MPU化　標準化
              ←―  ・13の要因の強まり  ←―
```

に、モジュラー型へとプロセスが変化する。

　もちろん製造業においては、モジュラー型のプロセスが品質・コスト・納期(QCD)を高めるための基本だ。そう考えると、すべての製品の開発プロセスはモジュラー型に向かうべきである。また、実際にそうなっているのであるが、デジタル電気製品では特にそれが顕著に現れるのである。

　その大きな理由は、マイクロプロセッサ(MPU)による制御の進展である。部品やモジュール群の制御方式がMPUの中の「組込みソフトウェア」に凝縮され、MPUと制御対象部品との間のインターフェースが標準化されてしまうと、部品の組合せで製品が作ることができるようになる。ソフトウェア化された「ノウハウ」は容易に移転できるのである。

　また、デジタル電気製品の中の「コンテンツ処理型製品」は、モジュール化の進展を早める。コンテンツ処理型製品とは、画像、動画、音声、電子辞書、電子地図などの「コンテンツ」を処理する製品のことである。こういったコンテンツは企業や個人の資産となるので、機器間の互換性が重要な要件である。そのため、コンテンツの表現形式やそれへのアクセス方式が規格化に向かいやすい。したがってコンテンツを扱う基幹部品の標準化が進むのである。

　このような規格化に向かう力が働いた結果、標準部品化が進展し、部品間のインターフェースも標準化される。すると、グローバルな基幹部品サプライヤーが出現し、大量生産による部品コストの劇的低減が起こる。この結果、部品そのものの開発は擦り合わせ型プロセスに留まるものの、最終製品の開発はモジュラー型となる。

　当初、擦り合わせ型であったプロセスがモジュラー型に変化すると、競争の土俵がまったく変わってしまう。つまり、新しいジャンルの製品を作り出すイノベータ企業の必須要件は、多大な擦り合わせをともなう研究開発力や技術創造力である。一方、製品がモジュラー型になった段階で市場に参入するフォロワー企業の特長は、優秀なサプライ・チェーン・マネジメント能力であり、企業全体のローコスト体質なのである。部品メーカーや素材メーカーに利益が集中する、いわゆる「スマイルカーブ」もこの段階で出現する。

　以上のようなプロセスの動的変化に起因する競争構造の変化を常に内在して

いる環境で、得意技の違う企業が入り乱れて戦っているのが電機業界におけるグローバルな競争の本質である。

このような市場環境において、新ジャンルの製品を生み出すイノベータ企業の戦略は2つある。1つは、新技術を取り入れた新製品や高性能製品、後継製品を継続的に市場投入し、擦り合わせ型プロセスが強みを発揮する「競争の土俵」を維持し、かつ新たに土俵を拡大することである。2つ目は、モジュラー型プロセスになった製品に対しては基幹部品を握るか、知的財産権を握り、最終製品で勝負する場合はSCMやローコスト・オペレーションでの特別な工夫と戦略を駆使することが必要になる。

以上とは逆に、モジュラー型から擦り合わせ型プロセスへの変化も当然起こる。1つの製品について擦り合わせ型プロセスの発生を促す13の要因の程度や強さが高まると、それにともないプロセスは変化する。

例えば、製品のコンパクト化の進展(要因2)はその代表的な一例である。また、高性能化や設計マージンの減少(要因6)もその例である。

今まで述べたような「プロセスのありよう」の本質を踏まえつつ、市場環境、技術環境、競合環境に即して自社の強みを最大限に発揮させることが、グローバルな競争優位のための戦略となる。

2.2.4　イノベーションの本質と擦り合わせ

2.2節の最後に「擦り合わせこそイノベーションの本質」であることを確認しておこう。

製品開発の初期のプロセスでは、決められた製品の開発目標を満たすための数々の設計要素や設計パラメータが検討される。それは、製品の性能であり、機能である。また、環境負荷や強度、重量、コスト、耐久性、意匠性、利便性、安全性などである。これらの設計要素や設計パラメータは互いに相反する依存関係、つまりトレードオフの関係(1つの設計パラメータを強めると他の複数のパラメータが弱まるという、N項対立関係)になるのが普通である。特に新しいジャンルの製品やチャレンジングな開発目標を掲げた製品ほどトレードオ

フの関係は強まる。

この相反する関係を解決するために何らかの開発目標を犠牲にしたり、設計パラメータを妥協したりするのではイノベーションは生まれない。すべてを満たすような、従来なかった新たな解決策や方式を見出すことこそ、設計の本質であり、イノベーションである。

まとめると、製品開発における「イノベーション」とは、
- N項対立のトレードオフ関係を
- 決められた時間内で
- 妥協に陥ることなく
- 高い次元で解決する

ことであるといえる。これは人間の頭の中でのアイデアやひらめきを導き出す「擦り合わせプロセス」といってよい。

このプロセスは個人で行うこともあるし、チームやグループで行うこともある。また関連部門との共同作業の場合もある。2.1節の「ワークスタイルと開発プロセス」の分析から、「日本の製造業の強みは個人だけでなく、チームや共同作業でのイノベーションにも強い」ということがわかる。共同で創造していくことを「共創」と呼ぶなら、共創は擦り合わせの最も高度な形といえるだろう。

2.3 ものづくりを支えるITの要件と課題

日本のものづくりを支えるITの要件は、2.1節で述べた「仕事のやり方にフィットする」ことに加えて「強いプロセスにフィットする」ことが必要である。このことを設計部門の開発ツールであるCADの要件と、プロセスの全体最適の課題に分けて考えてみよう。

2.3.1 開発ツールの要件

擦り合わせ型プロセスを支援する開発ツールはどうあるべきかを、設計部門の代表的なツールの1つである機械CADを例にとって見てみる。

例えば、代表的な3次元CADのモデリング機能にパラメトリック（幾何拘束を含む）がある。このパラメトリックには2つのとらえ方がある。
　1つは設計の要件を洗い出し、それをパラメトリックで表現することを考えた後に3次元モデリングを行うという立場である。これを仮に「事前パラメトリック」と呼ぼう。この事前パラメトリックは、部品の変更・修正ルールをあらかじめ見通せることを前提としており、まさにモジュラー型プロセスの発想である。
　一方、擦り合わせ型プロセスの発想には、部品の相互関係を調整した後に、発見したルールや確定したルールをパラメトリックとして「後づけで」定義する、いわば「事後的パラメトリック」である。目的はもちろんその後の修正を容易化する、あるいは、後継製品で流用したときの修正を容易化することである。この「事後的パラメトリック」は固定的なものではない。その後の再度の擦り合わせプロセスで一旦決めたルールを破る必要が出てきたときには、取り外し可能でなければならない。このようにプロセスの違いによって同じ「パラメトリック」でも意味やとらえ方が違ってくる。
　また擦り合わせ型プロセスでは、設計の初期段階における試行錯誤や、詳細度の違う部分の混在（要因8による重要部の先行開発や、要因9、11、12など）が重要である。このような段階では、CADの製品表現においても不完全な表現や曖昧性の許容が重要である。また矛盾した表現（前から見た形はこうで、横からの形はこうしたい。ただし、そのままでは矛盾が生じて製品とはならないケースなど）も許容する必要がある。

　さらに「擦り合わせ型プロセス」が、相互調整にもとづいて「練り込んでいくプロセス」であることを考えると、CADツールの要件としては、
- 必ずしも予測できない変更に対する修正容易性
- 試行錯誤の支援
- 徐々に設計が成熟していく過程の支援

などが重要になってくる。
　要は「事前パラメトリック」のように「モジュラー型プロセスだけを前提とし

たツール」や「暗黙にモジュラー型プロセスだけを想定しているツール」では、真の競争力向上を支援するITとはいえないということである。こうしたことはツールの機能を表面的に見ただけではわからないことが多く、注意が必要である。

　ビジネス環境や組織環境をもとに製品開発プロセスのありたい姿を決めるのは人間である。設計上の新しいアイデアや発想を生み出すのも人間だ。ITツールの使命は「ありたいプロセス」や「動的に変化するプロセス」に柔軟に対応できることであり、人間のアイデアや発想の創出を側面援助することである。さらに、人間がやらなくてもよいはずの単純作業（繰り返し、定型的作業など）を代行することである。この極めて基本的な要件が重要だろう。

2.3.2　開発プロセスの全体最適化の課題

　擦り合わせとは、本質的に「手を戻すこと」「手戻り」であり、「仮決め」をした後に「本決め」をすることである。したがって開発期間を短縮し品質を向上させるには、開発プロセスのできるだけ早い段階で「擦り合わせ状態を解決し、決着していく」のが望ましい。

　ここで重要になるのが、バーチャル技術や物理シミュレーション技術の活用である。試作機を作り、現物で相互依存性を調整するのは、時間もかかるし、試作コストも大きい。したがって、可能なものはコンピュータ上のバーチャルデータを用いて、あらかじめ製造・試作後の製品の挙動を内部状態を含めて把握することが重要である。これにより、モノ（試作）に頼ることなく多様な代替案の検討ができ、設計要素間の調整や擦り合わせの早期決着が可能になる。そして現物でしかできないことだけを試作機で行って、最終的に検証する。このようなプロセスが全体最適化にとっての重要な課題になる。

　これに加えて、コンピュータ上のバーチャルデータを有効に活用し、開発プロセスのできるだけ早い段階から以下が可能になれば、擦り合わせ型プロセスは一層強力なものになる。つまり、

- 製造要件、環境配慮要件、保守・サービス要件などを取り込む
- 構造、電気、組込みソフト、生産技術、環境などの各部門の開発プロセス

を連携させつつ、同時並行させる
- 開発プロセスに携わる全員のノウハウや知恵を結集する
- アイデアや課題の解決方法をデジタルデータとして保存・検索できるようにし、次機種開発に役立てる

これが本書でいう「モノを作らないものづくり」である。

もちろん現場と現物(モノ)が最重要であることはいうまでもない。現物を手にとって思考をめぐらす中で新たな発想やアイデアを得るのがエンジニアの基本である。しかし一方で、コンピュータ上のバーチャルな製品表現は、現物では絶対にできないことが可能になるというメリットがある。つまりITの活用で、従来なかった新たな発想やアイデアを得られる可能性が出てくるのである。これこそがエンジニアに対するITの最大の支援であろう。その意味でも「モノを作らないものづくり」の領域をいかに広げるかが今後の製造業の競争力向上にとっての重要な課題である。

日本発デジタル開発の挑戦

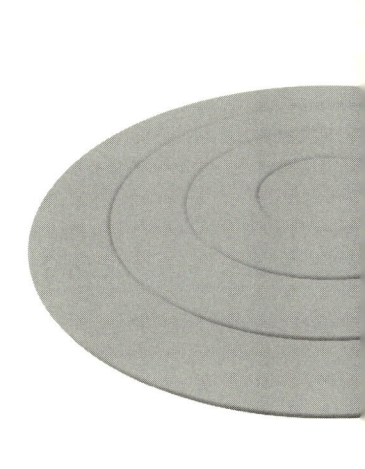

第**3**章

開発部門にとって、変化する市場動向をとらえ、顧客のニーズを取り込み、市場を確保していくためには、開発期間短縮力がテーマとなる。複合的な機能を有する現在のエレクトロニクス製品の開発には、第2章で展開したように、開発の上流工程で、関連部門や知見者との擦り合わせ型開発を行うことがポイントになる。この擦り合わせのアプローチとして、試作機ができあがる前にコンピュータ内にバーチャルに製品を作り出し、複数の知見者にいろいろな視点から評価してもらう方法がある。評価ポイントとしては、デザイン、構造性、機能性、組立性などがある。これにより、試作機などの実機を作る前にある程度設計検証を終えることができれば、手戻りの発生を未然に防ぐことができ、高レベルの短期開発が実現できる。

　この章では、このような開発プロセスとITツールの概要を説明すると同時に、このデジタル開発を活用した開発プロセス改革の適用・展開について述べる。

3.1　短期・高品質開発プロセスへの革新

　開発部門におけるITツールの活用は、2次元CADでドラフターを置き換えることから始まった。置き換えといっても、例えば製図作業では、既存図面や他人の図面が簡単に流用できるため、大幅な効率化ができた。しかも、各部品図を修正するだけで組立図への自動反映もできた。しかし、この段階は図面が中心の世界であり、従来の設計プロセスを変革するところまではいかなかった。

　同時に一部で利用されるようになった3次元CADは、加工用NCデータの作成や解析作業に活用された。これを開発プロセスとして見ると、加工や解析データ作成時間の短縮が狙いである。プロセス改革というより、各工程でのプロセス作業の自動化・効率化であった。

　初期の3次元CADの課題は、2次元CADに比べ、操作の複雑さや、モニター画面に表示される絵の難解さ(現在の発展したCG画像とは異なり、曲線のおばけとなり、形状を理解するのが難しい)、レスポンスの遅さ(コンピュー

タが扱うデータが多量になるため)にあった。

　CG技術とコンピュータの処理速度の驚異的発展により、この3次元CADが設計現場の主役に躍り出てきたのは、この10年である。この10年で拡大された3次元CAD利用は、開発プロセスにさまざまな影響を与えた。特に、欧米3次元CADベンダーが提唱するコンカレントエンジニアリング、フロントローディングなどの考え方は、3次元CAD活用をベースとしたものであり、日本企業の開発プロセスに与えた影響は大きい。その中で日本企業もまた、日本の風土をベースとした新しい取り組みを続けてきた。

　ここで本章で説明する開発手法を簡単に定義しておきたい。この章の開発手法は、上記欧米発のコンセプトや3次元CAD活用を論じるものではない。第2章で展開した「開発プロセスの早い段階で、"擦り合わせ状態を解決し、決着していく"ための手法」である。

　つまり、3次元CADや電気CADが作り出したデジタルな設計データや組込みソフトウェアのプログラムをもとに、「コンピュータ上でバーチャル製品を構築する」のである。多くの部門や知見者が、「このバーチャル製品を活用し、擦り合わせを実践し、開発プロセスの全体最適を実現すること」を狙っている。このデジタル開発プロセスでは、設計工程の後半からの手戻りを削減するだけでなく、開発のプロセスを市場動向注視型に変革することができる。つまり、市場や競合の動向を確実につかむ期間は、コンピュータ上のバーチャルな世界で開発を進める。と同時に、製造技術や生産・調達部門まで開発情報の共有化を行い、多角的な検証と生産準備を続ける。

　次に、仕様確定後は一気に生産へ向かい、短納期・高品質開発を実現する。現実には、試作の重要性や解析・シミュレーションの技術的限界があり、すぐに実現できるものではないが、このようなプロセスの開発手法を本書のテーマとする。

　開発部門にとって、従来の企画・設計・生産準備の流れでは、仕様確定の遅れが、開発期間の長期化につながる。また、無理な短期開発は、設計品質の低下に陥りがちである。本書のテーマは、このような問題への対応でもある(図

図表3-1　デジタル開発モデル

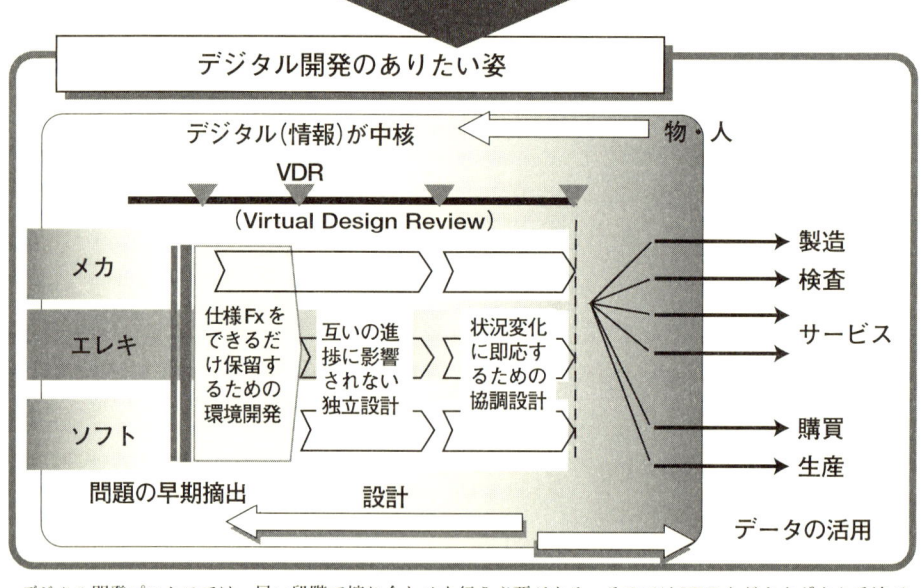

従来型の開発プロセス

構造設計 → 詳細設計 → 一次試作 → 二次試作 → 量産
（出図：図面・文書）

設計結果を図面・ドキュメントとしてリリースし、試作機で確認し、製品を完成させる

物（試作機・製品）と人（系）で対応し、成果物（結果）をきちんと管理すれば済んでいた

デジタル開発のありたい姿

デジタル（情報）が中核　← 物・人

VDR（Virtual Design Review）

- メカ
- エレキ
- ソフト

仕様Fxをできるだけ保留するための環境開発 → 互いの進捗に影響されない独立設計 → 状況変化に即応するための協調設計

→ 製造／検査／サービス／購買／生産

問題の早期摘出 ← 設計　　データの活用

デジタル開発プロセスでは、早い段階で擦り合わせを行う必要がある。そこではVDRなどさまざまな手法が用いられる。

表3-1）。

　開発手法は、各開発対象や開発戦略および開発者の技術力に依存するものである。そのため、今まで、品質・機能・性能を確保し、連続的な開発やシリー

ズ開発を実施するための手法として、種々のやり方が試みられてきた。

　製品構成の展開例としては、既存製品をベースに変更部分を極小化し、品質・性能を確保しながら短期開発を行うプラットフォーム型開発もある。また、処理や機能を整理・標準化することで、部品群をモジュールやユニット化し、これらの組み合せによりシリーズ製品を効率的に開発する方法もある。

　開発プロセスとしては、前述したコンカレント開発やフロントローディングがある。

　コンカレント開発とは、複数の部門やグループに分かれた開発工程を、上流工程の作業終了を受けて、下流工程が直列的に作業を実施するのではなく、互いのインターフェースや役割を明確化することにより、並行的に実施し、開発期間短縮を実現する手法である。

　フロントローディングは、下流工程の機能・性能検証を、試作・検証工程以前に他の手段で実施し、後工程での期間短縮や後工程からの手戻りを防止する。これは、トータルな期間短縮を実現する手法である。また、ビデオなどを使ったビジュアルな作業手順書やCGや写真など、図面よりもわかりやすい情報を、生産・調達・販売・保守などの関連部門へ早期に提供することにより、プロセス変更まではいかなくても、後工程の効率化や間違いの防止(品質の向上)を狙った取り組み例も多い。

　これらの開発手法での創意工夫をもとに、上流工程での擦り合わせを実現するプロセスとITの革新を行うことで、"開発の時間と品質を稼ぐ"ことが、本書のテーマである。やり方や技術力に問題があれば、コンカレント開発は"見切り発車開発"となる。そうなれば、手戻りを増加させ、短期開発の逆をいくことになる。検証技術の精度を間違えれば、フロントローディングは、品質悪化につながっていくことになる。プロセス革新は、開発部門の技術力向上への挑戦であるが、無謀な挑戦は混乱を生み出すもとになる。この点を原点に、本書でのデジタル開発モデルを厳しく判断して欲しい。

　例えば、**図表3-2**の3D化①のように図面ベースの開発プロセスを踏襲し、

図表3-2　3D化

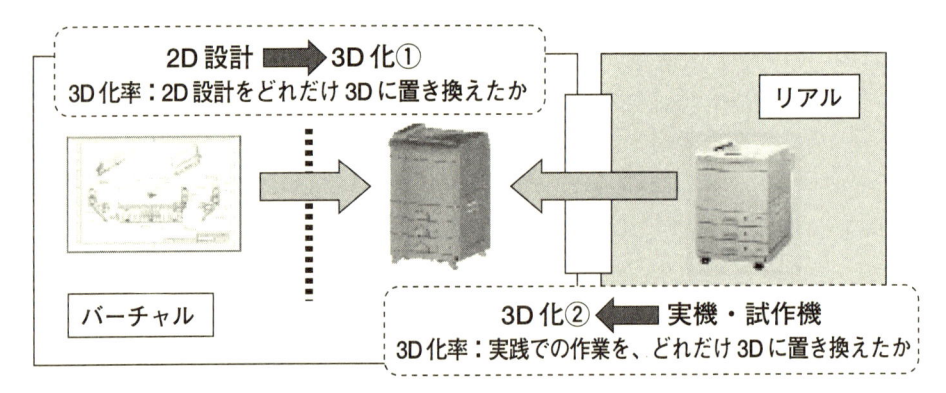

```
2D 設計 ➡ 3D 化①
3D化率：2D設計をどれだけ3Dに置き換えたか

バーチャル

リアル

3D 化② ⬅ 実機・試作機
3D化率：実践での作業を、どれだけ3Dに置き換えたか
```

出図前後で3次元データ化し、加工・解析につないでいる場合、上流工程での擦り合わせは図面ベースであり、開発部門以外の関連部門と情報共有を行うことは難しく、開発プロセス革新とはいえないと思う。

3D化②は、今まで実機で実施していた検証作業を、どれだけバーチャル化で置き換えることができるかを考えることが中心である。つまり、検証作業を上流のモデル作り工程に持ち込むことになる。そこで、誰がこの検証を実施できるのか、どの時点で3次元モデルを作成すれば、この早期検証が可能かを検討することにより、プロセス革新の芽が出始めると考えている。

3.2　技術者の意識改革と開発プロセス変革

エレクトロニクス産業の技術者は、2001年からの経営危機で、技術者意識が大きく変わったといわれている。悪い意味ではなく、ビジネス感覚が鋭くなったと思っている。グローバル市場での熾烈な競争の中で生き残るため、開発部門として何をなすべきかを真剣に考えるようになった。例えば、製品開発に追われ時間がないため、隣の部門のことに興味をもたない技術者や、部門の役割分担で壁ができていた設計者と製造技術者の中に、全体最適へのプロセス改革を願う革新的リーダーが出てきている。これは、"擦り合わせ"の土壌であり、多数の部門の連携を必要とする複合化した最近のエレクトロニクス製品開

発でのありたい姿でもある。

　従来の開発プロセスは、図面・ドキュメントといった設計の成果物（結果）を各工程で管理し、試作機などで検証することで、製品の完成度を高めてきた。デジタル開発の場合、デジタルデータのまま検討・検証・管理することがポイントである。図面や実物にデータを変換せず、デジタルデータのままであるので、遠隔地に離れた部門との設計情報の共有も瞬時に可能である。設計検討のためのシミュレーションや解析結果での修正も即時性をもっている。

　これを実施していく過程においても、設計者の意識の問題がある。設計情報の共有化と簡単な言葉で表現するが、設計者はある程度考え方が固まらないと情報開示をしたがらないものである。特に、問題や課題をもつ場合、自分である程度目処をつけないと設計者ではないと思っている。この態度は重要なことであり、思考力や探求力がなくなれば技術力は落ちていく。しかし、複合する製品の短期開発を成し遂げるためには、早い段階で知見者が集まり検討する方が早く課題を解決する。その結果、トータル開発期間の短縮が行われる場合も多い。つまり、考える視点や検討するノウハウ・経験が拡大するからである。これが擦り合せの原点である。

　このような設計情報の共有環境を作り出すためには、設計者は、検討途上のCADデータや検討資料を他人にいつでも見せなければならない。これでは、設計者に未完成なものを開示する不満をもたせると同時に、どの段階であっても作成中のCADモデルや技術検討書は見られる可能性があるとの緊張感をもって仕事を強いることになる。この"公開すること"がポイントである。

　しかし、公開された情報への指摘が十分に行われないと、公開した意味はない。改革は従来ベースのものに後戻りする。設計リーダーや、検討メンバーに指定された他部門メンバーは、早い段階で積極的にいろいろな視点から設計状態を見て、自分の気づいた点を設計者に事前連絡し、設計工程の後戻りを防止する必要がある。図表3-3にその内容をシステム化イメージで示す。

　設計者が作成している3次元CADのデータを、ある時点で取り出し、部品構成データをもとに、DMU（デジタルモックアップ）データ化する。DMU化するのは、ひとつには、3次元の誰にでもわかる形で製品形状を見せるためで

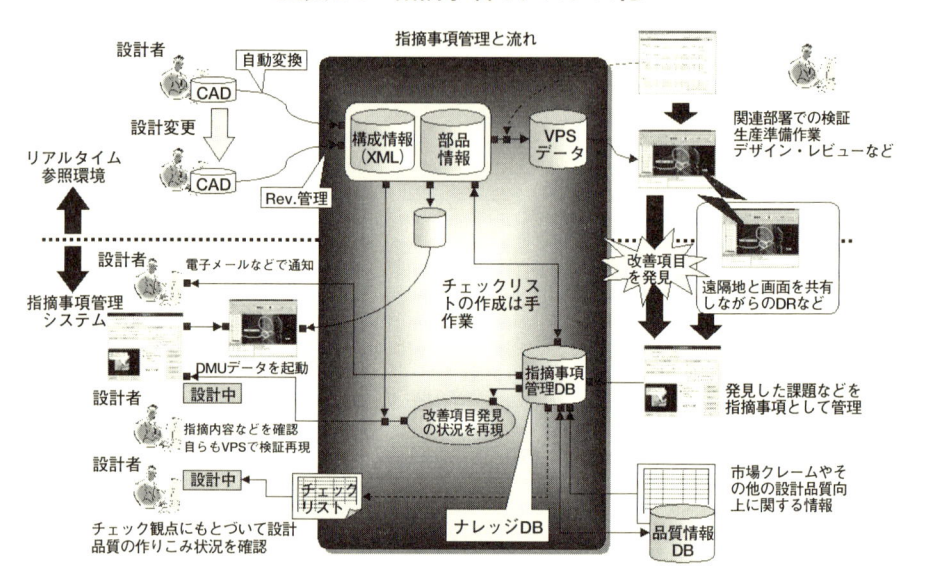

図表3-3　指摘事項のシステム化

ある。また、操作の簡単なDMUシステム(富士通の例では、VPS)でないと検討メンバーが評価できないためでもある。なぜなら、モデル作成機能が豊富な3次元CADでは、日頃使っていない他部門メンバーでは使えないからだ。検討メンバーは、気がついた点を指摘事項画面から入力する。入力されたデータは、各設計者にメールなどで通知される。設計者は確認を行い、指摘への対応を設計の比較的早い段階で実施することができる。

また、これらの指摘事項は、データベースとして管理される。それは、品質情報などを加えることにより、設計工程での設計者へのチェックリストなどのナレッジDBとなっていくのである。

この場合も関連部門の検討メンバーが簡単に製品を理解するためには、3次元形状が必須である。3次元データであるから、DMUが実践できるのである。また、システム化することにより、効率的に知見者の検証・評価を実施することが可能となる。

3.3 デジタル開発と関連部門間の連携

　デジタル開発は、メカ(機構)・エレキ(電気)・ソフト(組込みソフト)設計の各グループ間や生産技術部門との連携などにおいて大きな強みを発揮する。これを、デジタル化された設計情報の観点から説明する。

　デジタルデータのまま設計情報を各部門が共有し、検討・検証・管理することは、部門間での設計情報のやり取りに生じる無駄を取り除く効果が発揮できる。

　設計情報には、製品企画書から始まり、種々の設計検討書類や製品構成表、図面(メカの組立図・部品図、エレキの回路図・レイアウト図など)、形状モデル、設計変更通知書、製造指示書などがある。現在これらのデータは、ほとんどがデジタルデータで作成され、PDM(Product Data Management)などのシステムに管理されている。また、この設計工程で活用される設計規約・特許情報・品質管理情報や顧客・サービスからのクレーム情報などもデジタル化され、サーバに格納されている。このため、情報を探し、確認する作業は、大幅に効率化できている。ただし、この管理が部門内であった場合は、部門内の効率化は実現できても、開発工程全般にわたる効率化には限界がある。

　本書のデジタル開発モデルの前提は、部門間で情報の共有化を図り、"擦り合わせ状況"を作り出すことである。このためには、設計情報の共有化を可能とする、互いに使えるツールを共有し、部門間の検討・検証を実現することが必要である。PDMシステムのように、管理・検索系のシステムは、部門に関係なく活用できるツールである。しかし、CADのような形状を共有するシステムは、操作が難解である。メカ設計者は電気CADを使えず、エレキ設計者はメカCADが操作できない。このために、現在形状確認用の操作が簡単なDMUシステムが使われている。しかし、より深い検討・検証を実施するには、Viewer的なDMUシステムだけでは機能が不足している。その点を踏まえ、複数の部門連携の例を示したい。

3.3.1 エレキ設計部門とメカ設計部門の連携

エレクトロニクス製品の開発においては、携帯電話に代表されるように限られた空間へ多くの電子部品を配置する製品が少なくない。ここに、干渉問題や熱源に対する冷却問題・EMC対策・製造時の組立問題などエレキ・メカ部門の擦り合わせ課題がある。これを早い時点で解決することで、設計工程後半からの手戻り問題を大幅に回避することができる。エレキ設計部門は、エレキCADを、メカ設計部門はメカCADを活用しているが、これらのCADは、操作やデータ構造がまったく異なるものである。このため、より早い上流工程で、設計情報の共有を実現し、上記課題を解決するには、操作の簡単なツールで、設計情報を交換・検証する仕組みが必要である。また、異なるデータを連携し、業務の効率化を図る必要がある。概要を**図表3-4**に示す。詳細は、第Ⅱ部の実施編を参照して欲しい。

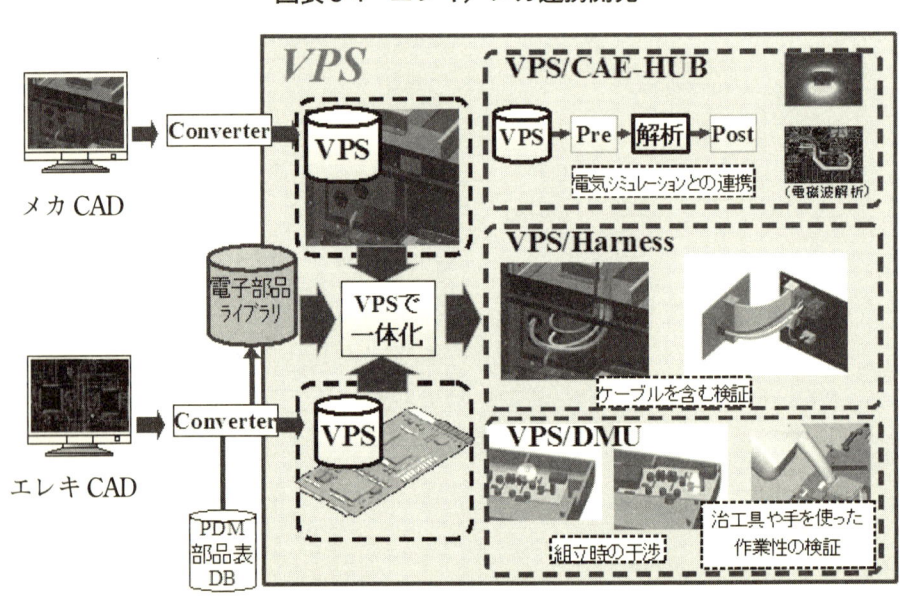

図表3-4　エレキ／メカ連携開発

VPS：富士通のバーチャル・プロダクト・シュミレーター

3.3.2 製品の原価企画における情報連携

販売寿命の短期化から必要性が叫ばれ始めた製品ライフサイクルコスト管理や開発上流での原価企画も重要な視点である。これらは、開発工程の上流でどれだけ多くの部門が情報を持ち寄り、それを擦り合わせて原価構成や価格の精度を向上し、製品に作り込むことができるかを問題としている。

エレクトロニクス製品の場合、キー部品群の原価を押さえれば、大体の見通しができるとの判断もある。が、高価なキー部品に代わる代替部品選択やサプライヤーの選択・購入数量など購入条件により、原価は大幅に上下する。また、製品によっては、プリンターのようにメンテナンス時のサービス品でビジネスを考える場合もある。多種類の製品を開発している企業では、設計部門が協力すれば、標準部品・ユニットの設定による部品種類の削減と集中調達が実施できる。それにより、原価削減を効果的に行うこともできる。

この場合の擦り合わせに必要な情報は、設計情報として作成された部品構成情報(PDM などのシステムで管理する場合や、EXCEL で作成する場合がある)や、過去の製品構成情報・原価情報・調達情報・保守／サービス情報などである。これらを取り出し、一時的に DB 化し、可視化できるシステムを構築することで、より正確な判断ができる状況を作り出すことができる。このようなシステムは、設計部門の PDM システムや、企業の基本インフラである生産管理システム・調達システムなどを横断し、情報収集・編集するシステムであり、XML などで軽くアプローチするやり方もとられている。

3.3.3 海外工場との連携

現在のエレクトロニクス企業は、インフラコストの削減や市場近接などの目的で、海外などの遠隔地に、生産工場をもつ場合が多い。また、海外サプライヤーとの交渉も増加している。このような遠隔地との連携業務をスムーズに立ち上げていくには、早期の情報公開とビジュアル(言語を越えてわかりやすい)な表現が必要である。例えば、図面を読む必要のない組立シミュレーションを備えたビジュアル手順書であれば、海外での生産立ちあげに効果的である。また、遠隔地の離れた環境でも現在の通信技術では、即時にデータを転送できる。

このため、緊急な設計変更が発生した場合は、即時に遠隔地の工場やサプライヤーへ、わかりやすいビジュアルな表現のデータを送ることも可能になる。ただし、3次元CADの複雑な操作を、海外の生産技術者などに強いることは間違いのもとである。デジタル情報をそのまま利用できる操作の簡単なDMUシステムや組立シミュレーションソフトを活用することで実現するのである。

3.4 デジタルデータが中核となること

　デジタルデータが開発の中核となることによって、検証技術としてのシミュレーションや解析の需要が急増している(CPUの使用量は、3〜4年間で2倍になるといわれている)。これは、メカ設計・エレキ設計・ソフト開発のそれぞれで増加している。

　また、エレクトロニクス製品の小型化や低電圧化により、電子部品の配置と筐体の関係が重要になった。そのため、熱やノイズ問題のようにエレキ設計とメカ設計が関連する解析問題も増加している。前節で解説したエレキ設計とメカ設計の部門間連携は、ここでも威力を発揮する。

　ソフトで制御する機構部分の動きを、DMUシステムと連携することにより、ソフトの動的な検証を可視的することも可能となった。動的な検証は、実機がなければ最終確認できないのは事実である。が、複雑な動きをもつソフトの場合、ある程度の検証をDMUシステムで実施しておくことは、実機検証の負担を大幅に減らすことにつながる。また、ソフトのエラー処理のテスト作業のように、実機では起こりえないことや部品破損を起こしてしまう不具合の場合でも、デジタル検証では、バーチャルな環境であるためDMUの機能を駆使し作りあげることもできる。

　設計作業は、個々の検証がすべて完了できて初めて終わることができる。デジタル検証により早い工程で個々の検証を実施していけば、試作機での検証負荷や手戻りを大幅に削減できることは、十分に理解していただいたと思う。
　ここで、デジタルデータが中核となった開発プロセスでの革新について見直

してみたい。デジタル中心の開発プロセスでは、複数の部門の関係が変化してきた。このため、開発プロセスの改革を実施していかなければならないのも事実である。

　従来の開発工程を定義してきたものは、図面をベースとした考え方である。図面の版数を確実に管理することにより、設計の成熟度を判断し、開発工程の進捗が明確化されていた。また、図面は他部門やサプライヤーとのやり取りでも使われるものである。設計・試作・生産上での課題や不明点は、図面のやり取りの中で明確化し、追記されてきた。このようにして完成された図面はノウハウのかたまりでもあった。

　デジタルデータが中核となるには、サプライヤーとのデータ交換や開発進捗の課題、ノウハウの蓄積の側面に対して新たな手段を確立する必要がある。つまり、デジタル中心で変わってきた開発プロセスを全体最適化するために、現在使われている図面の位置づけや役割を、製造・調達・品質保証などの関連部門を含め検討しなければならない。

　この場合、当然サプライヤーとのやり取りもデジタルデータであり、開発期間短縮や設計変更の即時性を考えると、サプライヤー側からもデジタルデータの交換が必要だとの意見が急増している。図面は多くの情報をもっている。そのため、これらの情報を3次元モデルなどのデジタル情報にどのようにもたせるのかのルールが必要である。図面が調達などの業務でもっていたルールを、デジタルが中心の開発でもつべきルールに変更し、新しい業務フローを確立しない限り、全体最適を作りあげることはできない。これらは、3次元図面に代表されるような開発を取り巻くルールや環境の変革である。また、PDMなどの開発インフラ系システムの新しい仕組み作りでもある。

　関連部門間での連携が促進され、設計検証のプロセスがフロントローディングされると、デジタル中心での開発インフラ系としては、PDMなどの仕組みを、柔軟性をもった仕組みへと改変していかなければならない。例えば、既存インフラとして、デジタルデータの評価・承認の流れに対し、3.2節で記述したように関連部門の検討メンバーを中心に、評価・指摘される仕組みが必要な場合も出てくる。

各製品の特性や開発戦略により、新しい開発プロセスを支えるインフラ系の構築が必要となる。そして、新たなプロセス間連携の関係をもとに、情報共有・進捗・データ承認・調達が構築できれば、新たなデジタルデータの役割や進捗管理の新しい手段、サプライヤーとの関係も構築できるのである。ここでも日本的擦り合わせの考え方を、開発インフラ系に入れていきたい。

　次に、ノウハウの問題であるが、大きな障害となっているのは、ノウハウの蓄積と再利用のやり方である。蓄積については、設計規約や基準といった完成されたものは別として、開発工程のいろいろなところに分散されたノウハウについては、簡単な話ではない。設計情報のほとんどがデジタル化されているため、これら膨大なデータの整理と体系化が大きな問題となる。時間的余裕のない開発部門にとって、整理・体系化は簡単な話ではない。そこで、比較的に使われている情報を対象に、整理する必要がある。例えば、3.2節に記述した関連部門からの指摘事項のDB化や、品質情報・サービス情報のデータ群の整理・体系化などである。

　これら蓄えられたDBに対する検索手段では、設計者の活用の手軽さを考え、Web化されていたりする。が、設計業務フローの中に組み込まれていないため、宝の持ち腐れになっている場合も多い。そこで、いろいろな工夫がされているが、主に次の3つになる。

- 業務に組み込むために、開発工程ごとのチェックリスト化を行い開発進捗と連携した使い方をする。
- パターン化できるノウハウは、設計ルール化し、それをプログラムに落とし、自動検証ツール化する。
- 部品や形状に依存するノウハウに関しては、CAD形状の一部を触ったときに関連する項目を画面にフラッシュ表示するなど、Push型の活用をめざす。

　この展開も第Ⅱ部の実践編を参照して欲しい。

3.5 開発プロセス改革

この節では、今まで述べてきたデジタル開発の適用について説明したい。現場やプロセス改革は、次の4つの要素が重要と考えている。
- シンプルでかつ明確なメッセージをもったトップのリーダーシップ
- 現場の壁を越えた協力関係の確立
- 業務の成熟度と IT ツールでの効率化向上
- 改革人材の選定と役割・育成

これらの要素は相互に関係しながら、改革を推進するものである。

3.5.1 トップからのメッセージと投資

各企業には、経営指針にもとづいた開発戦略がある。この戦略を実現していくために、現状の開発部門をどのように改革すべきかの議論がなされていく。その未来図を構成する基盤は、対象製品の特性・開発プロセスとインフラ・設計者や技術者のレベルと量・関連部門／サプライヤーの協力度・体制と風土などである。特に、設計者・技術者は、現業に多忙である。技術には挑戦的であるが、作業時間が束縛されるプロセス改革には保守的だ。この設計者・技術者の中に入り込み、現場の協力をもとに具体的な施策を実施し、結果を導き出す革新リーダーの役割は大きい。

この革新リーダーの背中を押すのが、トップからの改革指針である。改革指針では、改革の狙いや目的を明確に示す必要がある。例えば、「他社に勝る開発スピード」といった場合の他社の定義である。また、スピードをあげる目的の提示である。特に、エレクトロニクス産業では、グローバルな市場での開発戦略がベースであり、競合メーカーの明示も必要である。この部分が不明確であれば、革新リーダーや現場は互いに都合のよい目標を設定することになる。この議論で貴重な時間を費やされ、掛け声倒れに終わってしまうことになる。時間的に余裕のある場合やトップが判断に迷う場合は、短期間にこのテーマを議論する社内ワーキンググループを作るケースもある。ただし、この場合参加部門間の妥協の産物にならないように、トップは目を光らすことが重要であ

る。

　革新リーダーは、このトップの意向や設定されたテーマが明確にされたら、必要な革新メンバーを選定する。このメンバーに対する動機づけもトップの重要な仕事である。現状の開発プロセスの認識（弱み・強み）と今後のありたい姿を、経営戦略から開発戦略に展開し、説明する会をプロジェクトの発足に合わせて開く必要がある。開発プロセス改革は決して短期にできるものではないため、この会では、まず長期にどのような変革を考えているのか、投資に対する考え方も加えて話す必要がある。トップの投資へのコミットメントは、革新リーダーが動きやすい環境を作ることになる。

3.5.2　現場の壁を越えた協調

　開発プロセスの革新メンバーは、内部から選定される場合と外部から送り込まれる場合に分かれる。内部メンバーの場合は、設計者・技術者の立場もわかっているため、改革手法として大胆なものを追求するより、一部業務の自動化などの展開を確実に実施する傾向が強い。この場合、自部門の協力は得られるが、トップが設定した目標への歩みは遅いといえる。

　逆に、外部から送り込まれる場合は、現場で席を並べて、ともに検討する姿勢を示しても、現場の状況を完全に理解していないための壁にぶつかる場合も多い。この場合は、革新メンバーの情熱が重要となるが、情熱に突き動かされるだけでは、空回りの改革となってしまう。地に足をつけた改革を実施するためには、設計者・技術者と同じ視点をもつことが必要である。革新メンバーとしての異なる視点で議論を繰り返しても、決してよい合意を形成できるものではない。同じ視点で改革内容を徹底して議論する必要があり、その中で、ワンランク上の開発戦略に踏み込んでいくことが重要である。

　一部門の改革でもこのように難しいものであるが、開発プロセス全般にわたる改革では、部門間のエゴも出現し、この壁はさらに高くなる。この部門間の壁の壊し屋が部門長である。部門長は、常に開発プロセス改革の障害があるこ

とを認識し、壁を壊す姿勢を続けなければならない。そのためには、全体最適後の効果を算定し、この効果を1つの判断材料に、各部門への指示を明確化する必要がある。

　開発プロセス改革における効果の算定は、生産プロセスと異なり、すぐに材料費や組立費といった具体的な数値にならない。しかし、製品のライフサイクルコストマネジメント手法や開発工程ごとの利益配分法や開発期間短縮のもたらす市場のシェア変動への仮説などをいくつかの手法から推定する必要がある。

3.5.3　業務の成熟度とデジタル技術の支援度

　開発プロセス改革を実施していく場合、ありたい姿をベースに作られた新プロセスへの移行をいきなり実施することは困難である。それは、現場の混乱を作り出す原因になりかねない。そのため、**図表3-5**のように中間点を設ける必要がある。

　まず、デジタル開発技術の完成度を見極め、①の地点を確立することが必要である。この①地点までのIT（デジタル開発技術）を導入し、その技術を使い切るまで業務を成熟させなければならない。これが②の地点になる。この①、②の目標が開発プロセス革新のステップ1とステップ2であり、短期計画での

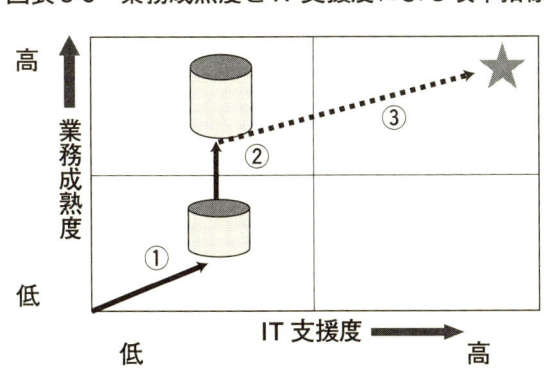

図表3-5　業務成熟度とIT支援度による改革指標

最終的には③の位置、より高レベルをめざす。

ゴールとなる。

トップの期待に対し、①や②が低いか高いかの判断は、プロジェクトを推進する革新リーダーと部門長で議論すべき課題である。それは、効果の定量化と現状の技術部門の実力により判断すべきものである。導入するITの機能で判断すると「できるだろう」となり、混乱へと陥る場合が多い。地点③への改革を進められるかどうかもすべてこの判断に委ねられるものであり、大変重要なものである。

3.5.4 改革人材の選定と役割・育成

開発プロセスの推進には、前述したようにプロジェクトの責任者である革新リーダーと、各テーマを実践していく革新メンバーが必要である。ポイントは、革新リーダーの選定である。業務をよく理解したリーダーシップをもつ人材が望ましいが、得てしてこのような人材は、開発の主要リーダーであり、革新リーダーに選定できないと判断する部門長が多い。ただし、将来の部門を率いる人材には、改革・革新を経験させるべきであり、高い視点に立てば、誰を選定するかは明確になる。

この人材にデジタル開発の詳細な技術を学習する必要はない。デジタル開発の技術は、革新メンバーが支援すべきである。革新リーダーは、全体最適のありたい姿を描き、全体計画を立案・実践し、個々の課題・問題を判断することが重要な役割である。

これら革新リーダーに対しては、革新リーダー教育がある。内容的には、改革の意義・開発プロセスのありたい姿や改革計画の立案・実践のワークショップである。

革新メンバーは、新しい技術に挑戦的な人物を設定すべきである。個々のデジタル技術を理解すると同時に、開発部門の問題点・実力を設計者の目線で見て把握する努力ができる人物が望ましい。

革新メンバーは、革新リーダー教育を受けると同時に、個々のデジタル開発技術を受講する必要がある。

第Ⅱ部 開発プロセス変革 実践編

第4章 メカニカル設計を中心としたコンカレント開発

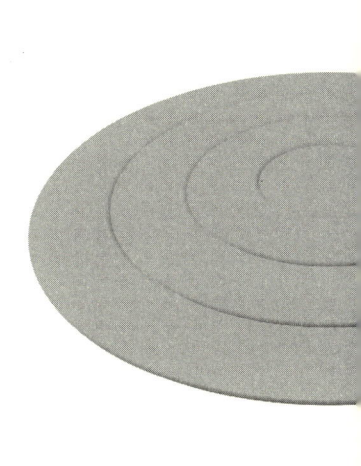

3次元CAD（3D-CAD）が市場に出てから10年以上経つ。その活用による製品開発が進んでいるが、部分的な活用であったり、関連部門との情報共有化・活用化まで図れていないなど、局所的な効果しか発揮されていない。品質向上や期間短縮など開発上流から製造、保守に至るまで一貫した適用効果が表れていない場合が多い。

本書の提唱する「モノを作らないものづくり」というのは、まったく試作しないで、量産製品を作ることではなく、できるかぎりITを駆使してバーチャルな環境で設計を行ってしまうことである。このためのインフラ技術として、3D-CADの全面的な適用がある。しかし、3D-CADを製品開発に適用すると、各ステージで活用できないといった場面に遭遇する。

本章では、3D-CADを中心とした設計データの検証環境、関連部門との情報共有環境、さらに、各種シミュレーションの開発プロセスへの組み込みなど、ITツールの整備、ガイドライン整備、人材育成などの構造設計部門から見たコンカレント開発を支えるための適用事例として、以下の仕組みを紹介する。

- 分散開発拠点間での検証ツール
- プリント板設計部門との協調設計
- 分散開発拠点間での情報共有
- 環境対応設計の組み込み
- シミュレーションの組み込み
- 下流部門（製造・保守・環境）の設計情報活用

4.1　分散開発拠点で有用な検証ツール

3次元CAD（3D-CAD）によるデザインレビューは、設計部門から製造部門など他の担当部門へ形状をわかりやすく伝えられるばかりでなく、設計意図の伝達などに役立てられていることが多い。しかし実際に使ってみると、

- 3D-CAD操作習得は、設計部門以外が使うには非常にハードルが高い。
- 遠隔地とのデータ交換は、データが大きく、ネットワークの負荷が大きい。

など課題が見えてきた。

そこで、3D-CADのデータを誰でも簡単に操作できるビューイングツールを導入した。通称「デジタルモックアップ設計環境」と呼ばれる、仮想空間での製品開発のためのツールである。自由な角度から製品や部品の形状を眺められるばかりでなく、部品をばらしてみたり、組み立ててみたり、まるでそこに実物があるかのように仮想製品を動かすことができる。また寸法計測機能や断面形状表示など、設計検証機能を使って内部形状をチェックすることも可能である。まさしく、モノを作らないものづくりである。実際にものを作らないのだから、気に入らなければ壊せばよい。仮想製品を作り直せばよいのである。

仮想製品の扱う3Dデータは人間の目で眺めて検証するものであるため、3D-CADのような高精度である必要はない。特に、遠隔地間で3D形状を使ってデザインレビューをする際は、簡単にデータ交換ができるように形状精度を落として軽量化することが重要である。

富士通では設計関連の各部門とのデータの共有化として、切削や板金加工などCAM連携としての製造連携には3D-CADデータを使い、その他のドキュメントには交換性の高いビュア用データを活用している。

また、この「デジタルモックアップ設計環境」を核として、バーチャル設計環境を加速させるために、富士通では製品開発に必要な検証機能を揃えた。

- プリント板設計など関連部門とのデータ連携による検証精度向上
- 遠隔地との3D形状によるリアルタイムデザインレビュー機能
- CGによる製品の早期イメージを用いた顧客プレゼン
- バーチャル人体による製品の使いやすさの検証(ユーザビリティ)
- 作りやすさの検証、作業手順の検証(製造準備)
- 有害物質含有規制、LCAなどの環境性検証(地球環境対応設計)

これらのうち、いくつかの機能の詳細を紹介する。

4.2 プリント板設計部門との協調設計

最近の情報機器はパソコンや携帯電話に代表されるように高機能化、小型化、高速化が進んでいる。そのため、構造部品の配置関係や形状により電気的

性能に影響するなど、従来のように電気設計と構造設計が個々に分担するだけでは装置性能が十分に発揮できなくなっている。

このため、プリント板設計CAD(PCB-CAD)とメカニカル設計CAD(3D-CAD)の設計情報を、設計ステージごとに相互に利用しあい、異なる視点から多面的にチェックする仕組み作りが重要である。効率的にチェックできるツールを開発し、製品開発に活用している(**図表4-1** 参照)。

① **チェック項目**
- プリント板実装部品と構造部品との干渉チェック
- プリント板配線パターンと金具など金属部品との接触チェック

② **実用までの手法**

PCB-CADとのデータ交換は標準IDF形式を採用した。IDFはPCB-CADと3D-CADの相互交換を行うための標準的中間ファイルであり、PCBの搭載部品(LSI、コネクターなど)の原点、角度などが書かれたものである。

図表4-1　エレキ／メカ連携の仕組み概念図と変換例

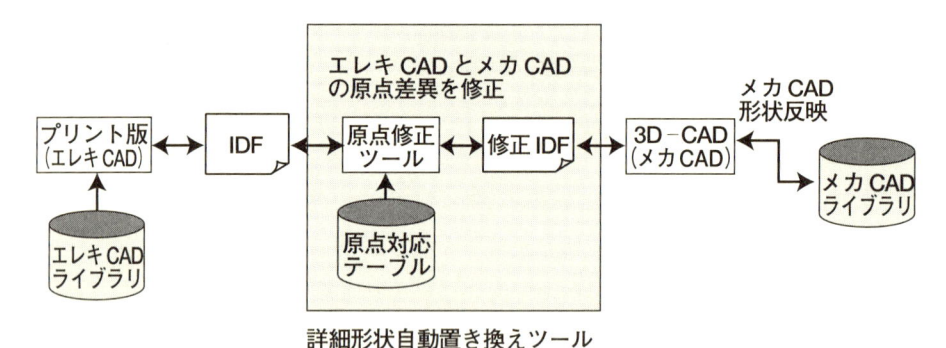

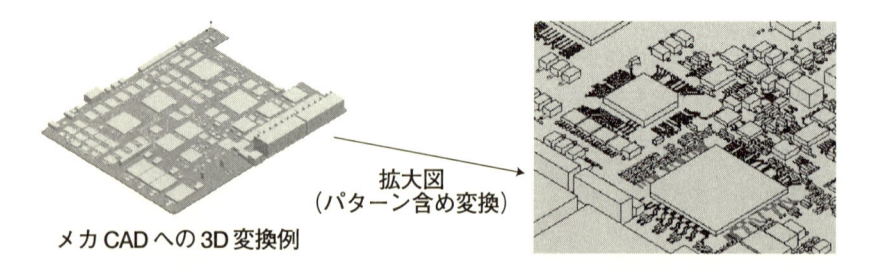

メカCADへの3D変換例　　拡大図(パターン含め変換)

また、搭載部品だけでなく、PCB-CAD のプリント板配線パターン（パターン、ランド、VIA）をすべて IDF 形式に変換することにより、3D-CAD で PCB 形状を表現した。

　しかし、IDF ファイルは簡単に作成できたが失敗に終わった。搭載部品は搭載平面形状に部品高さを加味した 3D-CAD 形状で表現できたが、これらファイルは巨大となり、OS の扱えるファイルサイズ限界を超えたのである。また表面層だけにプリント板データを削減しても階層構造のない IDF をそのまま 3D-CAD へ変換するには、PCB1 枚を変換するだけで 100 時間弱もかかり、まったく実用的な変換時間ではなかった。同一階層内で数万ノードのデータを扱うことは、3D-CAD にとって弱点となっていたのである。

　そこで試行錯誤のうえ、独自の方式でプリント板パターンを階層化構造で扱うようにした。また、同一パターンは CAD のグルーピング機能を有効に使い、データを圧縮するようにした。この結果、現在では変換時間を 2 分以下で実行できている。

　また、この変換では、配線パターンの材料属性情報を「金属」と自動的に設定した。

　これにより、構造部品とプリント板の搭載部品の干渉チェックに加え、板金部品などの構造部品とプリント板パターンとの接触が簡単にチェックできるようになった。

　一方、3D-CAD 情報を PCB 設計 CAD に渡すことで、PCB 設計において構造部品と接触しないよう部品高さをチェックしながら最適な部品配置を検討するようにした。配置検討の結果不都合が起きれば、即座に構造設計担当者と対話することができ、従来のように個々の設計が完了してから最終相互チェックを行うことはなくなった。その結果、ターンアラウンドタイムを極力短くすることができた。

③　形状ライブラリの構築

　エレキ／メカ連携で生成される PCB 搭載部品情報は、PCB-CAD のライブラリを活用した。一般的に PCB-CAD では平面形状、部品高さ、各ピンの属性などが部品ライブラリに構築されている。PCB-CAD では部品ライブラリ

をもとに実装原点・配置角度を決定する。

エレキ／メカ連携では、部品平面形状と高さをもとに自動的に3次元化することで簡易的な3次元形状(2.5次元)を生成させた。ほとんどの部品はこの手段で活用できるが、コネクタなど一部の構造部品は詳細な形状でないと干渉チェックに使えない。

部品の詳細形状は3D-CADライブラリに構築し、必要に応じて、部品形状を交換する仕組みを作った。干渉チェックに十分に使えるPCB形状を自動生成したのである(**図表4-2**参照)。

しかし、PCB-CADと3D-CADの部品原点は、それぞれのCADの特性から考え方が異なる。例えばコネクタを例にとると次のようにライブラリ構築のためのルールが決まっている。

- PCB-CAD：基準ピンのフットプリント中央

図表4-2 エレキCADとメカCADとのライブラリ変換

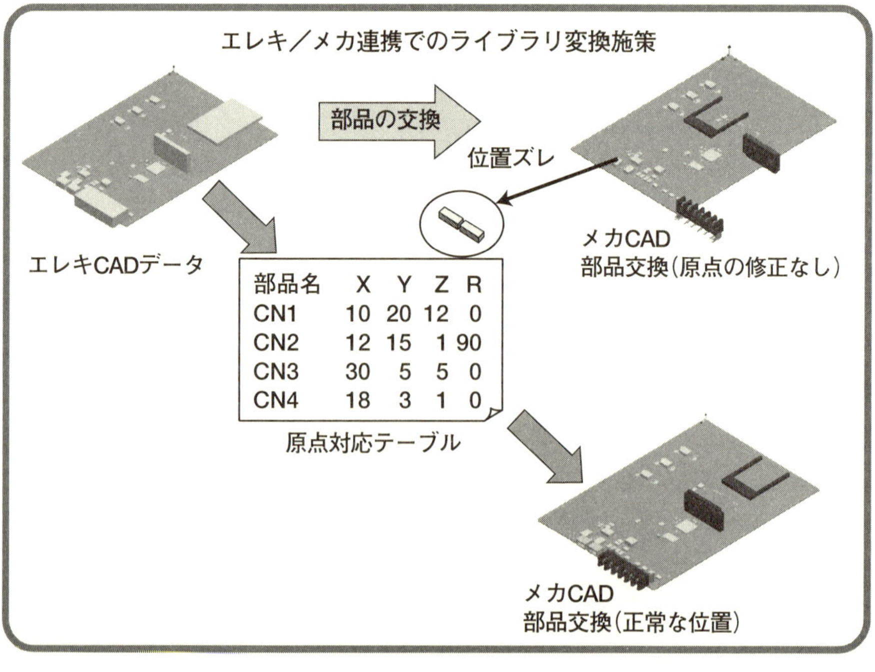

部品名	X	Y	Z	R
CN1	10	20	12	0
CN2	12	15	1	90
CN3	30	5	5	0
CN4	18	3	1	0

原点対応テーブル

エレキ／メカ連携でのライブラリ変換施策

部品の交換／位置ズレ

エレキCADデータ

メカCAD 部品交換(原点の修正なし)

メカCAD 部品交換(正常な位置)

- 3D‑CAD：勘合部分の中央

よって、お互いを同一の原点位置にすることはできない。

そこで、3D‑CAD ライブラリでは PCB‑CAD に対する移動量をテーブル化し、併せて管理することにした。

- PCB‑CAD 実装位置への移動量（Δ x, y, z）
- PCB‑CAD への回転量（Δ Rotete-x, y, z）

このテーブルを参照して相互にデータ交換することができるようにしたため、従来から構築していた各 CAD ライブラリはそのまま活用することが可能となり、新ライブラリ構築工数の増加を大幅に抑制することができた。

一方、上記仕組みの実用化には PCB‑CAD と 3D‑CAD の両部品ライブラリの統一管理が必須となる。そこで当社では異部門で行っていた構築を同一部門で行うようにし、必要なものは同期をとって 3D‑CAD に登録した。

④ 効果

以上の仕組みを適用することにより、PCB と構造部品のパターンまで含めたチェック工数は、目視で数日要していたものが数分で完了することができるようになった。これにより設計評価工数を低減することが可能となった。

また、本機能により、シミュレーションのための入力モデルとしても活用することが可能となった。

4.3　分散開発拠点間での情報共有

分散拠点間で開発を進めるには検証機能の充実だけでなく、検証で用いる情報の共有が重要であることはいうまでもない。ものづくりに必要な情報は多種多様である。例えば、製品企画、要求性能、デザイン画、満たすべき規格群、図面、チェックリスト、各種作業指示書などがあるだろう。これらは、文書や絵を駆使して情報の共有を図るのが一般的である。

製品開発の現場では、高機能化、低価格化、デザイン性、安全性、環境配慮性などを同時に満たすべく、電気・電子的な機能、機構・構造、制御ソフトウェアなどの分野において、より高度な技術を駆使した開発が行われている。そ

してそれは、短い期間と少ないコストで達成しなければならない。

このような状況下における製品開発は、ある分野の開発内容が他の分野に影響を与えることが増えている。そのため、設計の途中でお互いの状況を把握しなければ最終製品が所定の期間やコストで完成しない危険性が増大している。

そこで設計の途中段階において、仮想的な製品「デジタルモックアップ(DMU)」を共有することにより、お互いの最新設計状況を共有しあい、危険性を下げる試みを進めている。文字や絵だけでなく仮想製品を共有することによって、設計意図や思想の伝達ミスを低減させる効果が期待できる。

富士通では、3D-CADで設計したモデルに変更が加えられるごとにデジタルモックアップデータに自動変換し、Webブラウザなどを用いて確認できる仕組みを構築している。また単に形状データを自動変換するだけでなく、XML技術を用いてデジタルモックアップの構成を自由に組み替えたり、他の情報と容易に関連づけたりする仕組みをもたせている。例えば、デジタルモックアップに環境情報を関連づけ、情報を共有する取り組みも進めている。

なお、この仕組みをうまく使うには、設計が「途中であること」を理解しあうことが重要である。

デジタルモックアップは図面に比べて見てわかりやすい。そのため、設計者本人ではなくてもさまざまなチェックがしやすい一方で、設計者当人にとってはまだ詳細に検討していない部分についてもそのまま見えてしまう。見えてしまうがゆえに、つい指摘したくなる。検討してもいないところを指摘されると、見せたくなくなる。そして早期情報共有や検証ができなくなり、危険性が増大するといった悪循環に陥ってしまう。

4.2節で述べたPCB-CADから3D-CADへの情報連携と同様に、PCB-CADとデジタルモックアップの双方向連携も実現しているが、この場合もお互いに「途中であること」を正しく理解したうえで、相互検証を進めていくことが重要である。

設計部門と製造部門が地理的に離れた場所に存在することはよくある。さらには設計部門も電気・電子、機構・構造、制御ソフトウェアといった部門が地理的に離れていることもあるだろう。

このような場合でもデジタルモックアップの共有環境は有用である。デジタルモックアップを個別に確認するだけでなく、離れた場所でも同時に同じデジタルモックアップを用いて情報共有や検証が可能な仕組みを構築している。回線環境に応じて、電話会議システムやテレビ会議システムと組み合わせて用いるとより効果的である。

また、関連部門が増えるに従って、「途中であること」の共有とともに、デジタルモックアップに検討すべき箇所や過去の問題点に関する情報をつけることなどにより論点を明確にすることが大切である。そうすることでさまざまな視点で徹底的に検証するといった、課題に対する「遠慮しない」風土作りが進むと考えている。

4.4　環境対応設計の組み込み

持続的に成長する社会とのかかわりにおいて、環境に配慮した製品の提供を避けて通ることはできない。使用した材料、部品、製法を管理するとともに、どのように環境に配慮しているかを開示していく姿勢も重要である。

環境に配慮した製品を提供するためには、機能・性能・コスト・安全性と同様に設計が終わってから考えるのではなく、設計の上流で検討・検証していく必要がある。

激しい競争の中で環境に配慮した製品づくりをしていくためには、ITツールの支援が欠かせないだろう。ワープロや表計算ソフトだけでもものづくり自体は不可能ではない。が、多種多様で変化していく環境関連の情報を、企業としてのデータ一貫性や評価の均質化を保ちながら維持管理していくことは、事実上不可能ではないだろうか。そのためデータベースやワークフロー管理といったITツールを活用して効率よく進めていくことが望ましい（図表4-3参照）。

ここでは環境配慮のためのITツールを大きく3つに分けて取りあげる。

① 購入部材や部品に対する環境情報の維持管理ツール
② 設計上流の評価を含む環境性評価支援ツール
③ 評価フローの管理と評価結果の維持管理ツール

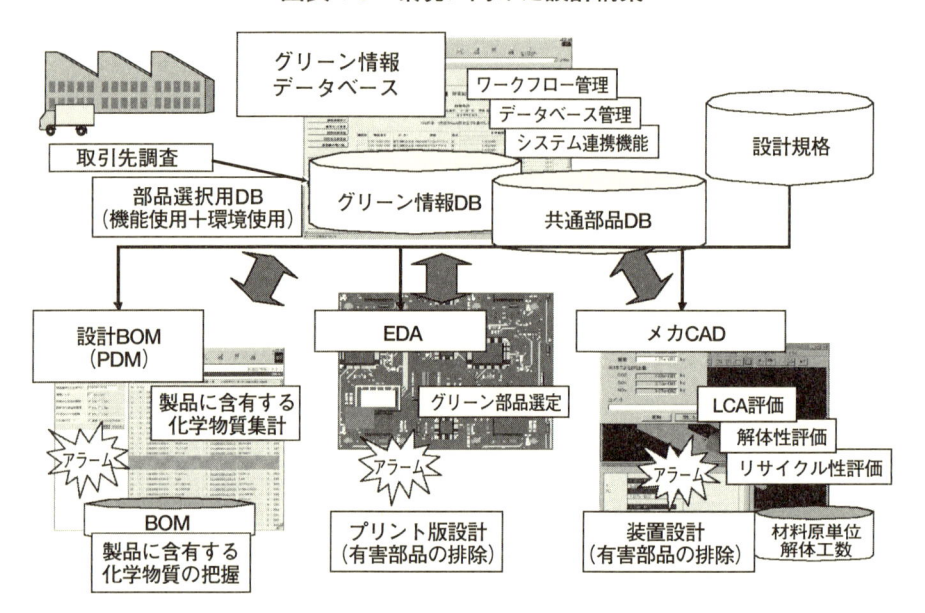

図表4-3　環境に向けた設計構築

4.4.1　購入部材や部品に対する環境情報の維持管理ツール

　最初のツールはいわゆるデータベースである。ものづくりは、多くの部材や部品を他社から購入することにより成り立っている。よって既存の調達品管理用データベースを運用している企業も多いだろう。

　調達品自体の情報管理だけでなく、調達先企業とのやりとり（ワークフロー）を含んだ契約ドキュメント管理や、調達先企業の商品コードと社内管理の物品管理コードとの対応管理が重要である。例えば、社内では１つの物品管理コードであっても複数の調達先から入手することは通常行われていることだろう。

　新しい調達品の追加や新旧交代が多い場合は、ITツールの開発だけでなく、データベースのメンテナンス体制をしっかり確立することが重要である。

4.4.2　設計上流の評価を含む環境評価支援ツール

　次のツールはデジタルモックアップに環境情報を関連づけることによって、設計上流の試作機がない段階でも環境評価を可能にするものである。デジタル

モックアップを用いる利点は、複雑なカバー類の重量計算が自動でできること、材料種別を形状と紐づけて視覚的に確認できることである。材料の違いや重さにより部品を分類し、色を変えたり、半透明にしたりすることで視覚的に確認できる。例えば、鉄系とプラスチック系の色を変えて確認する、特定のネジ以外は半透明にして、そのネジを浮き上がらせるような視覚効果で確認するなどである。材料属性や数値を用いた検証だけでなく、視覚的な検証により新たな知見を得やすいという利点もある。過去の類似機種と比較して現状の設計案に対する環境負荷改善度を知ることもできる。

環境評価とひとくちにいっても、RoHS や WEEE 対応のチェック、LCA、解体性の検証などさまざまなものがある。後述する開発プロセスの可視化で適切な時期に適切な内容を実施し、無駄を省くことが重要なのはいうまでもない。また環境評価は、その内容によっては多くの部門からさまざまなデータを収集する必要がある。開発プロセスの可視化と同時にデータの整流化を行うことが肝要である。これについては「4.7 開発プロセスの改善」で取りあげる。

4.4.3 評価フローの管理と評価結果の維持管理ツール

3つ目のツールは、ドキュメント管理ツールの一種である。承認処理系のワークフロー管理と製品ごとに存在する環境評価結果情報と、管理・提出用ドキュメントを分けて管理していることが特徴である。

ある製品に対する環境評価結果は1つであるが、提出用のフォーマットが1つであるとは限らない。よって1つの評価結果をさまざまな提出用フォーマットテンプレートに流し込むことにより、二重入力の無駄を省いている。

また、このツールに前記のデジタルモックアップデータを用いた評価結果を流し込むことも可能にしている。例えばLCAで考えると、設計上流では最終製品とは異なるので概算値に過ぎない。が、使用部品の仕様が決まり、外観形状や使用材料が決まれば、出荷時にはほぼ正しい値になる。このデータをうまく活用するわけである。もちろんいい加減なデータが流れ込まないように、評価手法を定義し、それに則った運用がなされることが重要である。これについては「4.7 開発プロセスの改善」で取りあげる。

組織や製品の違いから企業ごとに異なる「あるべき姿」があるだろう。例えば、環境評価結果が出荷判定の必須条件である場合には、設計者の負荷を他へ分散させることを考える必要がある。また、調達部品の環境情報管理を環境部門が行うのか、購買部門が行うのか、専用の調達部品評価部門が行うのかでシステムの構成は変わるだろう。いずれにしても環境評価プロセスと既存開発プロセスを可視化して、無駄のないように組み合わせて整合性をとり、合わせてデータの整流化を行うことで全体最適化をめざしていくべきである。

4.5　シミュレーションの組み込み

　製品機能の高度化と開発期間短縮により、試作を何回も行えた従来の開発手法の改革には、シミュレーションを前提とした「シミュレーションベースド開発」スタイルが望まれている(**図表 4-4** 参照)。

　最近の携帯電話やパソコンをはじめとしたユビキタス製品は、高機能化に加えて小型化している。また駆動電圧は下がる一方で、大電流かつ高速駆動している。このような状況において製品が抱える問題を列挙すると、

【電気的問題】
- 信号伝送ノイズ、電源ノイズ
- 電磁波、静電気

【構造的問題】
- 堅牢性(圧迫強度、ねじれ強度)
- 落下衝撃
- 熱

などがあり、製品の各段階で解析を実施し、製品仕様を達成できる設計を検証していかなければならない。

　また、従来の部品やユニットだけの解析から、最近では装置全体の大規模解析を求められるようになってきている。

　シミュレーションを効率よく行うためには短時間で解析する必要があり、設計時間と同期して短時間で解析できれば、最適なパラメータを設計に適用して

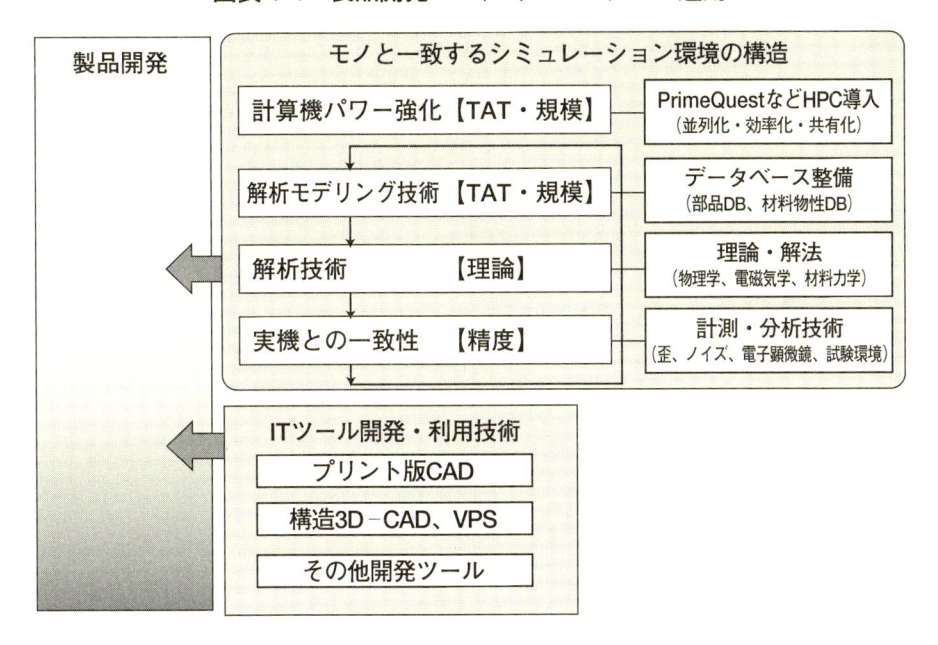

図表4-4　製品開発へのシミュレーション適用

製品開発

モノと一致するシミュレーション環境の構造

- 計算機パワー強化【TAT・規模】 ─ PrimeQuestなどHPC導入（並列化・効率化・共有化）
- 解析モデリング技術【TAT・規模】 ─ データベース整備（部品DB、材料物性DB）
- 解析技術【理論】 ─ 理論・解法（物理学、電磁気学、材料力学）
- 実機との一致性【精度】 ─ 計測・分析技術（歪、ノイズ、電子顕微鏡、試験環境）

ITツール開発・利用技術
- プリント版CAD
- 構造3D-CAD、VPS
- その他開発ツール

いくことが可能となる。しかし、解決しなければならない問題も多い。

- 解析モデルをいかに早く作成するか
- 解析時間をいかに短時間でできるか
- 解析結果からいかに最適な設計パラメータを抽出するか

4.5.1　解析入力モデル作成

　一般的には、シミュレーションを効率よく行うためには、製品開発データをもとにした簡略化モデルを作成する。不要な微小形状削除、もしくは等価形状への変更、さらにはシミュレーションに必要なメッシュ切り、材料物性値などの属性設定が必要である。これには多くの設計工数が必要である。全体に占める簡略モデル作成の割合は、解析分野によって異なるが、ほとんど簡略モデル作成に占められているといっても過言ではない。

　簡略モデル作成作業での微小形状削除とは、角Rや小さな穴の削除である。また、等価形状とは風穴のような多数の穴の集合体には、多数の穴を削除し、

等価風量の1つの穴で代替させるといったことを指す。

解析モデル作成は設計変更ごとに必須な工数である。そこで富士通では3D-CADやPCB-CADのデータを簡素化する機能を開発し、製品開発に適用した。

具体的な事例を紹介する。情報機器設計の熱流体解析で有名なFLOTHERM（英Flomerics社）の解析入力形状は、すべて直方体に近似した形状で入力することが前提となっている。このため、解析入力モデル作成者は、製品形状をもとに角Rを削除や形状変更などにより矩形形状にする作業を行う。しかし富士通は、「デジタルモックアップ」データから自動的に直方体の近似形状を生成するツールを開発した。必ずしも人間が意図した形状にならない場合もあるが、完全を求めず、人間が手作業編集で補完する方式を採用した。

これにより、対象製品によっても異なるが、従来の手法と比較して作業工数の80%削減を達成することができている。同様に他の解析分野でも、デジタルモックアップを中核とした解析入力データ作成方式を順次採用して分野を拡大しているが、確実に入力工数削減に寄与できている。

また、簡素化で重要なことは、メッシュデータを粗密に作成することである。影響度の高いところは細かく、低いところは粗く、効率的にメッシュ化する機能を開発している。できるだけ余計な計算をさせない工夫が重要である。

4.5.2 テクニカルコンピューティング環境の構築

先にも述べたように、シミュレーションベースド製品開発のためには、いかにして短時間で解析を行うかが重要である。そこで富士通では、「テクニカルコンピューティング環境」と呼ぶ図表4-5のようなスーパーコンピュータ、クラスタ、グリッドで構成する解析環境を構築した。

比較的小さな解析問題では、各種のパラメータで多くの解析を同時処理するグリッド環境を使い、装置全体を解析する大規模解析では、アドレス空間が大きなクラスタコンピュータやスーパーコンピュータで処理している。

コンピュータ間はInfiniBand（IOGbps通信可能な新ネットワーク規格）という高速インタフェース回線で通信速度を高めた。なお本環境は、遠隔地から

図表4-5　テクニカルコンピューティング環境
　　　　　HPC＋ミドルウェアによる仮想的統合環境

- 解析計算の高速化
- ASP環境によるISVソフト有効活用

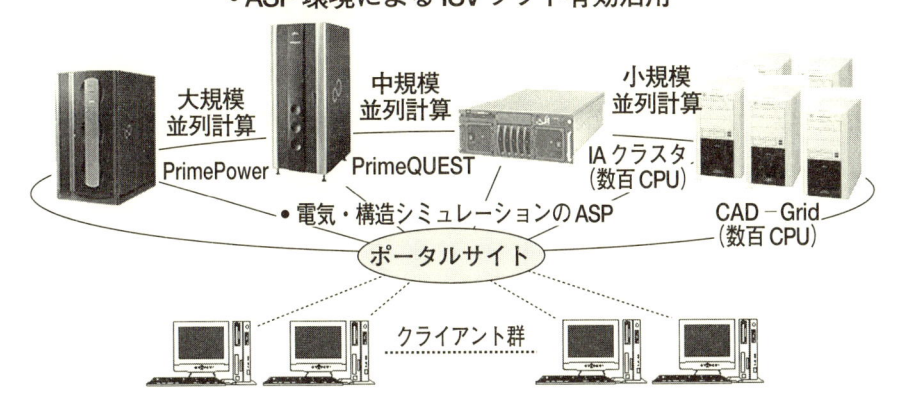

大規模並列計算 PrimePower
中規模並列計算 PrimeQUEST
小規模並列計算 IAクラスタ（数百CPU）
・電気・構造シミュレーションのASP
CAD−Grid（数百CPU）
ポータルサイト
クライアント群

でも使えるようにWebベースで提供している。

　これにより従来は大規模すぎてできなかった解析、計算処理だけで数百時間もかかった解析が数時間で完了するなど、着実に製品開発に活用できている。

4.5.3　並列化による解析ソフトの高速化

　解析時間短縮試作としてもう1つ大切なことは、マルチCPUによる計算処理の高速化である。ISV（独立系ソフトウェアベンダー）の解析ソフトを利用するだけでなく、内製の解析ソフトも開発している。

　上記解析環境を最大限活かすために機器構成に応じた並列化チューニング（SMP、MPI）を行った。電気ノイズ解析をした事例では、従来100時間を費やしていた解析時間が、200以上のコンピュータの並列化環境を使い、約2時間で結果を得ることが可能となった。

4.5.4　物性ライブラリの構築

　解析処理に重要なことは、IT環境による並列高速化に加えて、解析精度の向上である。これを左右するのが解析簡素化モデルと各種物性値である。

この物性値は、解析分野によって異なる。例えば応力解析では、対象となる部品の材料強度を表わす数値(ヤング率、ポアソン比など)、伝送線路ノイズ解析では標準的な LSI モデル(IBIS、SPICE など)の正確性が求められる。解析精度を向上させるためには、物性値の整備が重要で、例えば応力解析では、環境温度ごとの材料物性値、ノイズ解析では電圧ごとの LSI モデルが必要である。

　富士通では、各材料メーカや LSI メーカから入手した各種物性データを全社共有のライブラリとして構築している。なお、各温度や電圧ごとに入手できないデータは実測して充実させている。

　以上のような各種施策によりシミュレーションは着実に短時間で行えるようになったが、この環境を利用する設計部門からは「まだ遅い。もっと早く」との意見があり、実績と要求に大きな隔たりが出ている。今後も継続的に改善を続けていく。

4.6　下流部門(製造・保守・環境)の設計情報活用

　設計で作成したデジタルモックアップは、その後の開発プロセスにおいても有効に活用できる。ものづくりにかかわるすべての人が図面を説明なしで正しく理解できるとは限らない。かといって、すべての人に説明することは工数の面で現実的ではない。すべての関係者に試作機を配ることも同様である。また、試作機を配り、検証し、設計変更し、試作機を作ってという工程を繰り返す余裕がないという現実がある。よって上流工程の設計者は、下流工程の関係者に対してデジタルモックアップを用いて早期に設計意図を伝達し、フィードバックしてもらうことによって設計の完成度をあげるべきである。

　「途中であること」を相互理解したうえで早期伝達とフィードバックを行うことにより、製造性・保守性・解体性といった要件を設計に織り込むことができる(図表 4-6 参照)。こうしたプロセスを踏むことによって、量産前には新しい製品の組立イメージがしっかりできあがっているので、早期の治具検討や保守

部品調達計画が可能になる。また組立ラインに従事する人の中には日本語のできない外国人労働者もいるが、デジタルモックアップを用いたアニメーションを用いて全体の組立イメージや自分の担当箇所の前後を含んだ作業イメージを描きやすくなる。

　試作機を使って組立手順を撮影し、用いることもあるが、すべての場合において試作機(実機)が優れているとは限らない。うまく使い分けるべきだろう。例えばデジタルモックアップは、色や質感といった点ではまだまだ実機にはかなわない。一方で半透明にしたり、断面を切って中を見せたりすることは自由自在にできるし、物の動きを変えずに、見る角度や仮想的な照明を変えて撮り直すのも簡単である。また、ビデオデータよりもファイルサイズがはるかに小さいので、海外とのやり取りも容易である。

　早期検証だけでなく、従来の作業指示書類もデジタルモックアップベースの

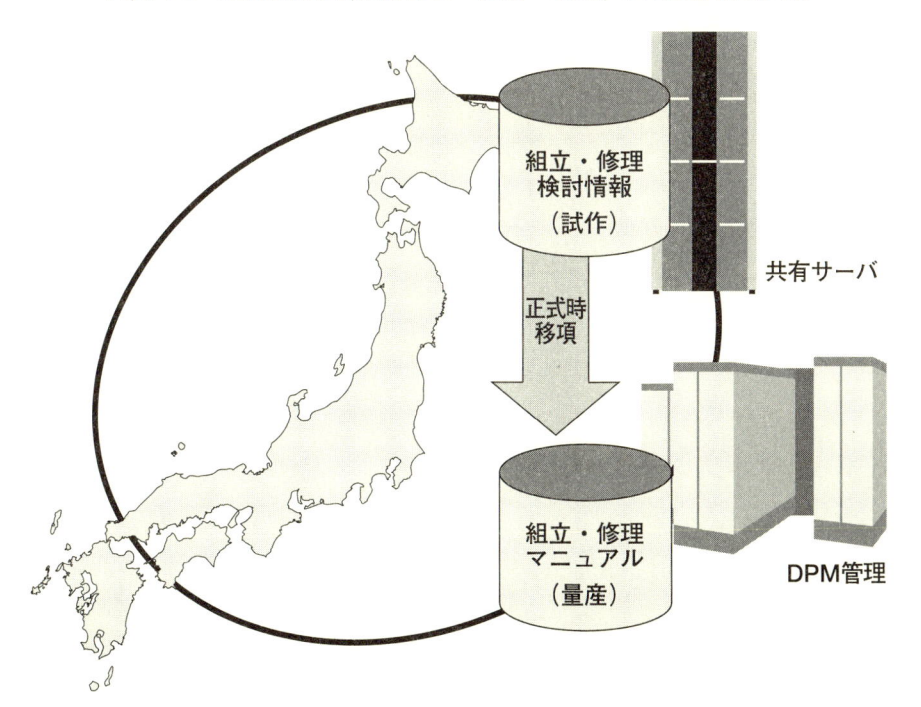

図表4-6　遠隔拠点間(設計分析・設計・製造)での設計情報共有

アニメーションに置き換えつつある。ただ、既存の作業指示書類をそのままにして、デジタルモックアップベースのアニメーションを追加するのは単純に工数が増えるだけなので望ましくない。この場合でもうまい使い分けが肝要である。例えば、既存のドキュメント類の作成負荷を減らしてより深く考えるための時間とし、設計者と下流工程担当者との間にアニメーション作成の専門家を配置して、意思伝達効率の向上と既存開発関係者の作業負荷の増大を防ぐことも考えるべきである。

環境評価の場合と同様に、新規手法のためのプロセスと既存開発プロセスを可視化して無駄のないように組み合わせて整合性をとり、合わせてデータの整流化を行うことで全体最適化をめざしていくべきである。

4.7 開発プロセスの改善

開発プロセスを改善するには、プロセスそのものの可視化が重要なのはいうまでもない。開発プロセスの改善は、既存のプロセスを可視化して改善する場合と、既存のプロセスに新しいプロセスを組み込んだうえで全体として可視化し、改善する場合の2種類がある。ここでは後者について取りあげる。

すでに述べたように、既存のプロセスに追加される環境評価や、既存のプロセスの一部を新しい方法(デジタルモックアップやシミュレーションベースドデザインなど)に置き換えて改善を図る場合には、既存プロセスと新しく組み込まれるプロセスを可視化するとともに、両者の間で新しく発生するデータの流れを含めたデータ(情報)の整流化に取り組むとよい。

プロセスを可視化する場合は、あるプロセスに対するデータ(情報)のI/Oも合わせて記載するべきである。よって既存の可視化プロセスに新規のプロセスを追加して可視化し、改善策を考えるやり方も可能だが、考慮すべき範囲が広がってしまうこと、新しいプロセスを単独で見た場合のあるべき姿が見えにくくなってしまう。最初はそれぞれのプロセスを別々に可視化して改善策を考えた後に、2つを融合させるやり方を薦めたい。

独立して考えるにせよ、融合して考えるにせよ、データのI/Oを含めたプ

ロセスの可視化と改善には、開発特有の「繰り返し」を考慮できる手法を取り入れるとよい。ここでは一例としてDSM：Design Structure Matrixを取りあげる。DSMはツールではなく1つの手法なので、いろいろな応用例があるが、富士通が行った環境評価(LCA)の事例を使って説明する。

　LCAは多種多様の情報を収集・整理する必要があることはすでに述べたとおりだ。このために必要なプロセスを細かい粒度で洗い出し、マトリックスに記入した。さらに並行して、誰から誰にデータを渡す必要があるのかを別な表記方法で可視化して検討した。データのI/Oに着目した最適化の結果、ある時期特定の人に負荷が集中するようでは、既存組織構造やITツール群まで含めた見直しや人員の追加が発生してしまうことにもなりかねないので、全体最適化としては望ましくない。

　可視化した結果を使い、プロセスの分割や前倒し・先送り、2重入力の発見やITツール化といった手順を経て、最適化と既存プロセスへの融合を進めた。最初は混沌とした状況においてすべて手作業で行ったために100という単位の工数がかかったが、現在は5前後の単位工数で済むようになった。

　DSMの一例を図表4-7に示す。この例では記載していないが、プロセスとI/Oの関係だけでなく、標準工数や手戻り確率と手戻り時の工数を入力し、モンテカルロ法ベースの全体工数シミュレーションが可能なツールを開発している。

　ただ、どうすればよりよくなるのかを考えるのは人間である。ITツールが自動的に最適な解を見つけてくれるわけではなく、可視化結果は人間が考えやすくするための手段に過ぎない。

　また、確たる裏づけがとれるには至っていないが、データの整流化は、データのライフサイクルを考え、データの特性、例えば滞留(在庫)、成長性(進化度合い)、連続性(寿命)、連鎖(他への影響度)といった視点で考えると、見通しがよくなることが多いと思う。

図表4-7　DSMの適用例

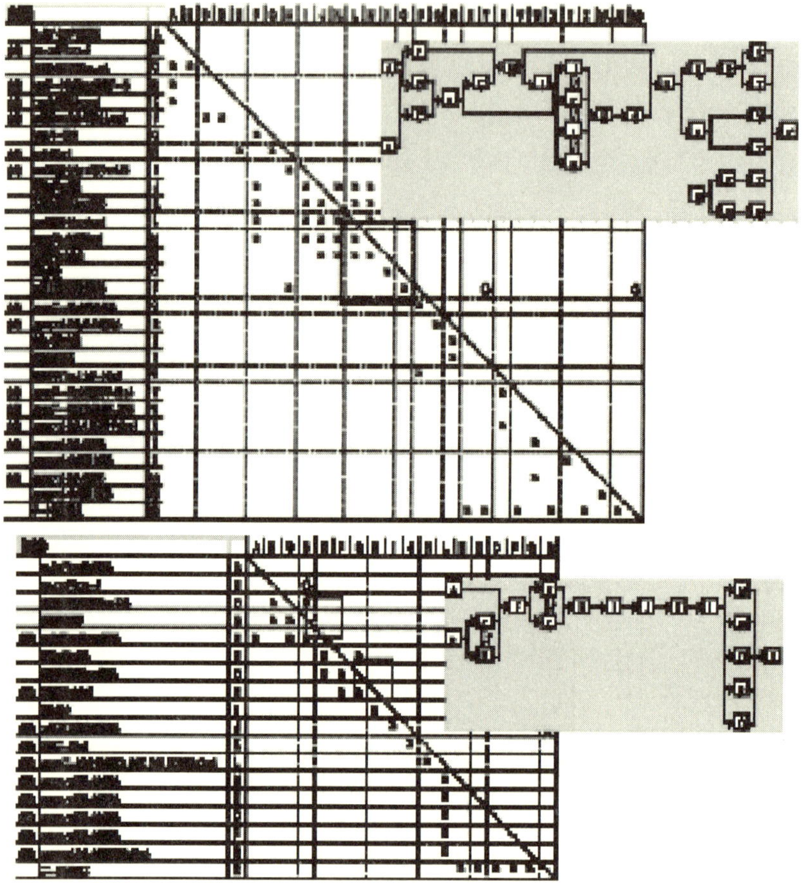

DSM（Design Structure Matrix）

注：具体的な内容が読めないように、あえて不鮮明な画像を使用しています。

4.8　まとめ

　本章では、開発初期段階から徹底的にバーチャル空間で設計する仕組みを、構造設計から見た切り口で仮想設計を全般的に紹介した。
　しかし、これらツールの導入だけでは大きな効果は創出できるものではな

い。よく3D‐CADや解析ツールを導入すれば開発期間が短縮され、かつ品質向上が図られるといわれている。これは、一面では正しいが、大きな間違いも存在する。

　一般的に製品開発には主工程があり、それらを詳細化することによって各工程を決定している。各担当工程を見ると、各担当者の開始時期・終了時期が決められており、この範囲内の工数で作業を進捗させていかなければならない。こういった状況の中で3D‐CADや解析ツールを導入すれば効率化は図られるが、その分だけ深い設計検証も必要となるため、工程が少なくなることはありえない。

　期間短縮は、開発工程が以前の開発工程よりも短いスケジュールに設定され、それを3D‐CADや解析ツール導入で達成できたゆえの効果ととらえるほうが自然である。

　一方、品質についても同様である。解析の目的は、設計情報をもとに各種解析を行い、問題の予測や発見と改善の手助けをしていくことにある。設計検証で問題が発見されれば、試作費用削減といった効果が比較的簡単に算出できる。しかし、設計データに問題がなければ、解析効果の算出が難しい面がある。

　さらには工数削減や試作費用削減などを算出しても、経理的には、人件費や開発費の削減にはならない。こういったことから、効果算出には各IT項目と仮想削減費用をテンプレート化し、この基準に則って算出している。

　適用事例でも述べたが、ツールはあくまでも道具であり、使って効果を出していくのは人間である。設計者、製造現場など製品設計にかかわる人間が自らの知識の最大化を図ることが前提である。そのためには設計ガイドラインの整備が必要である。操作教育や適用試行から実証展開も必要だ。そのための推進体制を整備し、推進していることが富士通の強みだととらえている。

第5章 ものづくりを支える電気設計環境

製品開発において、電子機器の高性能化、高機能化、小型化、軽量化、堅牢化、低コスト化が急激に進展する一方で、設計期間のさらなる短縮が望まれている。これに加えて最近では、地球環境に配慮した設計、製造手法も強く求められており、製品開発が非常に難しくなっている。したがって、市場要件と同時に製造、組立、試験、保守などのものづくり要件を短期間で満足するためには、製品の設計から製造までの全体最適化が可能な設計環境を構築するとともに、後工程からの手戻りのない革新的な設計手法の導入が必須である。

そこで富士通グループでは、ものづくり革新のための電気設計統合CAD環境"EMAGINE"を構築し、設計源流からの各種解析の活用や、DFM/DFT導入、機構設計との協調設計、およびCAD-ASPやテクニカルコンピューティング環境などの計算機リソースの有効活用を実現している。

本章では、ものづくり革新を推進する電気設計統合CAD環境"EMAGINE"の取り組みについて述べる。

5.1 電気設計統合CAD環境"EMAGINE"の概要

製品開発においては、試作工程からの手戻りを抑制するために信号ノイズ、電源ノイズ、落下、放熱などの各種解析を利用し、すべての設計プロセスで検証することが重要である。また、量産製造時の作業性向上や試験容易性のため、DFM/DFT（Design For Manufacturing/Design For Testing）用のDRC（Design Rule Check）を必ず実行する必要も出てきている。

富士通グループでは、これらのさまざまな検証を1つのCADフレームワーク上で協調しながら実行できる電気設計統合CAD環境"EMAGINE"を構築し、短期間でのトレードオフ設計を可能としている（図表5-1）。

"EMAGINE"の設計環境を図表5-2に示す。"EMAGINE"は、富士通グループのサーバ機器、携帯端末、および伝送装置などのプリント板設計に広く利用されているCAD環境である。構想設計から製造データ、組立図面作成までの全設計工程をサポートしている。また機構設計と有機的に連携し、製品設計全体のフレームワークも構成している。

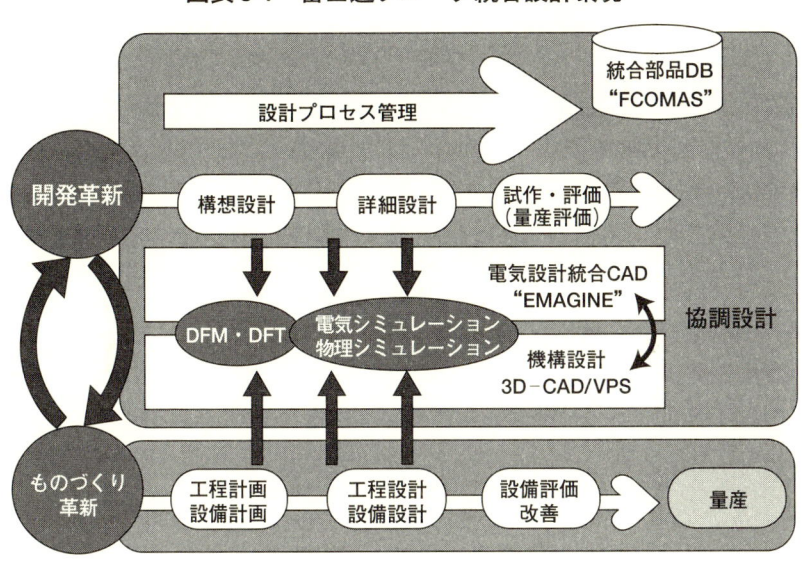

第5章 ものづくりを支える電気設計環境

図表5-1 富士通グループ統合設計環境

図表5-2 EMAGINEの設計環境

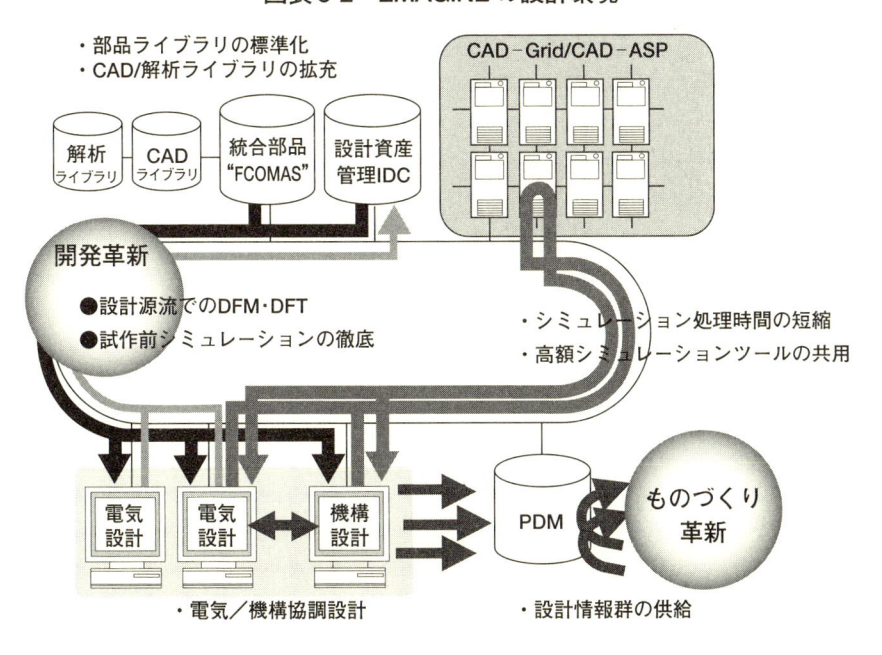

5.1.1 バックエンド環境

バックエンドは、統合部品ライブラリ"FCOMAS"や設計資産管理IDC（Internet Data Center）などのライブラリや設計データの管理、および高額な市販ツールを共有化する社内CAD‑ASP（Application Service Provider）やテクニカルコンピューティング環境、CAD‑GridなどのIT環境で構成する。

5.1.2 フロントエンド環境

一方、設計のフロントエンドはPCに統一し、TCO（Total Cost of Ownership）削減とOA（Office Automation）業務との共存を同時に実現している（**図表5-3**参照）。プリント板の設計者のみならず、解析エンジニアや工場の試験作業者などが利用し、富士通グループ全体で約10,000ライセンスが稼働中である。

次節以降で"EMAGINE"の代表的な特長について紹介する。

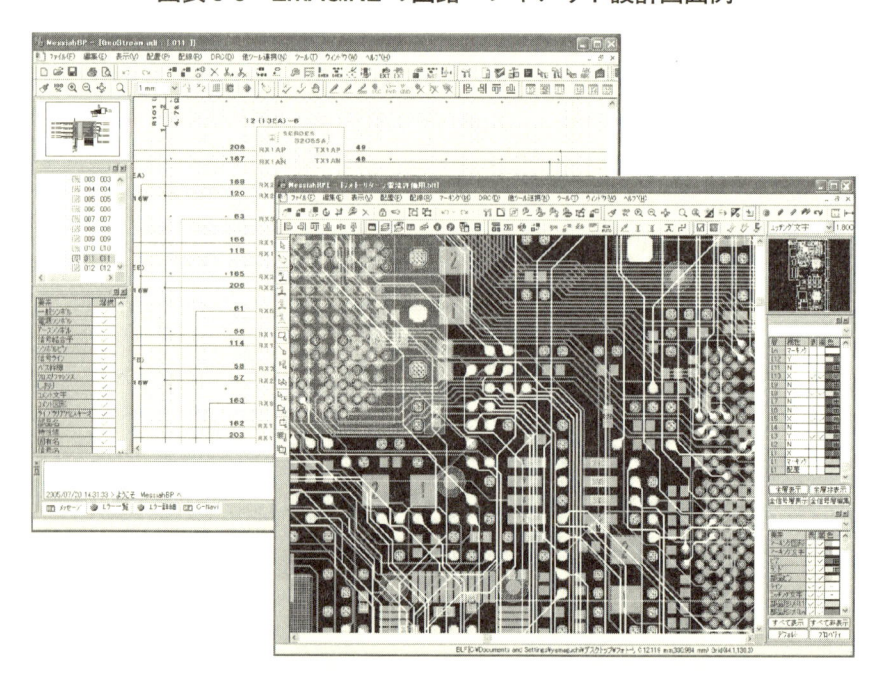

図表5-3　EMAGINEの回路・レイアウト設計画面例

5.2 制約ドリブン設計

製品開発における大きなテーマは、いかに後工程の手戻りを排除するかにある。テクノロジーの進展にともなう機器の高速化、高密度化は、より一層設計を難しくしており、設計の初期段階から品質を作り込んでいくことが重要である。そこで"EMAGINE"では、構想設計段階からノイズなどに対する制約条件を検討することで、後工程における手戻りを排除する仕組みを提供している。

5.2.1 構想設計工程からの CAD ツール適用

構想設計工程では、ラフな設計情報をもとに、配線収容性、シグナルインテグリティ、コスト、発熱性、製造性などの評価、解析を行いながら設計の詳細化を進める。主要部品の配置位置や配線トポロジ、配線長などの検討結果は、制約条件として詳細設計以降に伝達され、レイアウト設計時のダイナミックDRCやナビゲーション設計と連動している。この様に、構想設計工程からCADツールを適用することで見積もり精度が向上し、詳細設計工程からの手戻り抑制に結びついている。

5.2.2 先進的な制約条件設計機能

"EMAGINE"では、新たに設計上流段階で配置、配線制約を付与して設計を進める制約ドリブン設計環境"C-Navi(Constraint-Navigator)"と、複数プリント板から構成される装置単位の設計環境"MultiStage"を提供している。「ドリブン」とは「～で駆動する」という意味である。したがって「制約ドリブン設計環境」とは、駆動を制約した条件主導で設計を行う環境ということになる。

(1) C-Navi

高速信号を確実に伝送するためには、回路設計段階から配線トポロジや配線長など、物理的な制約条件を付与する必要性が高くなっている。このため従来、実装条件文書や回路図へのコメント記載で指示していた従来の手法では、

設計期間の長期化など、多くの課題が顕在化してきた。例えば、制約を漏れなく正しく記述することの困難さ、条件どおりに実装設計が行われたことの確認作業の負担、さらに条件を満足できないケースや漏れがあった際の手戻りなどである。

そこで"C-Navi"では、制約条件をCADデータとして取り込み、制約条件主導で実装設計を進める制約ドリブン設計を実現している。これにより、回路設計と同時に実装制約条件をCADデータ化し、その制約にもとづいて配線設計を行うため、配線設計後にチェックするのではなく、設計と同時に制約条件を満たすことができる(図表5-4 参照)。基本的な設計フローは、

① 回路設計フェーズで制約条件を設定
② その制約にもとづいた配線設計を行う
③ 最終的に各配線が条件を満たしているか自動的に検証し、設計を完了する

図表5-4　制約ドリブン設計の取り組み

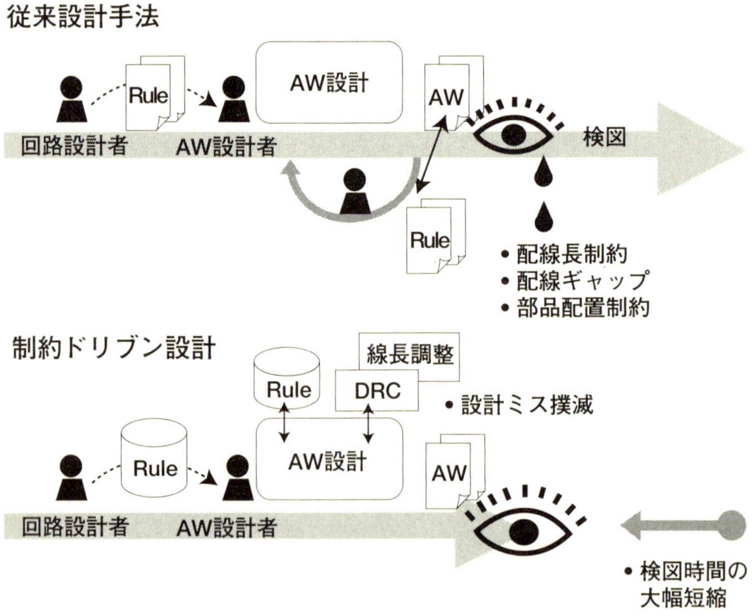

従来設計手法

- 配線長制約
- 配線ギャップ
- 部品配置制約

制約ドリブン設計

- 設計ミス撲滅
- 検図時間の大幅短縮

というものである。また、制約条件の妥当性や最終的な配線結果の検証に、解析ツールを併用している。

(2) MultiStage

さらに複数のプリント板から構成される装置においては、配置、配線制約が厳しくなるにつれ、従来のようにプリント板にバジェットを割り振った条件では配線設計が困難になってきている。ドライバ素子からレシーバ素子までコネクタを介して複数のプリント板を通過する伝送路全体での制約条件の付与と、それにもとづいた配線が必要になるからである。

そこで、"MultiStage"では、複数のプリント板、バックパネルから構成される装置の物理的な階層構造、コネクタ間接続を定義できる環境を提供する。これにより、あるドライバ素子から他のプリント板上のレシーバ素子までの接続を見ることができる。それによって、装置としての回路DRC、制約ドリブン設計を実現しているのである。

5.3 源流からのDFM/DFT

プリント板設計のものづくりの工程では、量産性、コスト、品質が要求される。そこで、設計初期段階からDFM(Design For Manufacturing)およびDFT(Design For Testing)を活用することで手戻りの抑制を実現している(**図表5-5**参照)。

5.3.1 DFX

プリント板設計のものづくりの工程では、量産性、コスト、品質が要求される。"EMAGINE"では、DFM(Design For Manufacturing)、DFT(Design For Testing)を総称して"DFX"と呼び、ものづくり革新の重点テーマとして取り組んでいる。

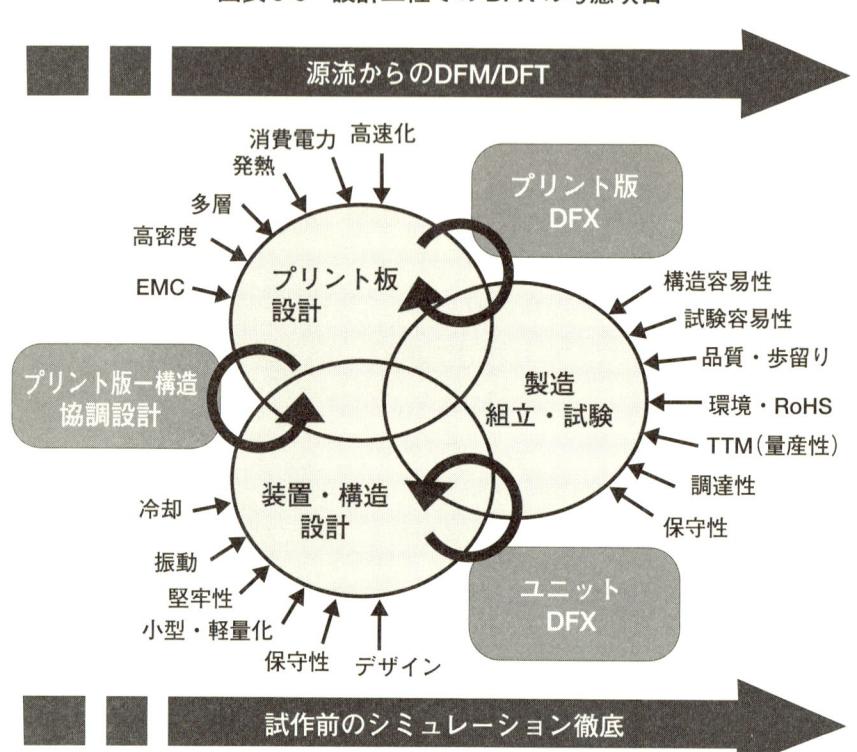

図表5-5　設計工程でのDFXの考慮項目

源流からのDFM/DFT

消費電力　高速化
発熱
多層
高密度
EMC

プリント板設計

プリント版DFX

構造容易性
試験容易性
品質・歩留り
環境・RoHS
TTM（量産性）
調達性
保守性

プリント版ー構造協調設計

製造組立・試験

装置・構造設計

冷却
振動
堅牢性
小型・軽量化
保守性　デザイン

ユニットDFX

試作前のシミュレーション徹底

(1) DFM

　DFMは、高品質の製品を低コストで製造するための設計手法である。製品の基本設計の段階から製造性を徹底的に追及することで試作段階からの手戻りの抑制と、量産性に優れた低コスト製造の実現をめざしている。

　代表例として、設計段階での製造性ダイナミックチェック（MDRC）について以下に述べる。

　設計後の検証で問題点を抽出しても手戻りが発生する。したがって、組立性の考慮は、設計とコンカレントに行うことが重要である。プリント基板の組立性の改善は、各工場の製造要件を明確に把握することから始まる。"EMAGINE"では工場／設計／実装の各担当部門と連携して、製造要件の共通項目と装置や製造設備に特化したノウハウを体系立てて整理する。これを設計段階での製造

性ダイナミックチェックとして実現し、大きな成果をあげている。例えば、基板の製造プロセスと部品の耐熱条件を考慮した搭載面チェックを部品配置作業と連動させることで、設計後の手戻りを抑止している。

組立、製造用件は製造技術や設備などに依存する。そのため、MDRCを有効に活用するには、装置単位での製造用件の計画的な見直しや、部品ライブラリのMDRC用の情報整備とメンテナンスなど、組織横断的な取り組みが不可欠である。

(2) DFT

DFTは、プリント板の試験性を考慮した設計手法である。フライングプローバやインサーキットテスタなどの試験設備の効果的な活用と診断率の向上のため、プリント板設計の回路設計段階から測定ポイントの指示を行う。また、配置、配線設計では、測定ポイントの有無や妥当性のチェック、試験機ごとのテストデータの自動生成などにより、手戻りがなく、効率的なDFT設計環境を実現している。

5.3.2 エレキ／メカ協調設計

携帯電話に代表されるように、プリント板は複雑な基板形状をもち、筐体との空間スペースが狭い小型機器の設計では、機構設計CAD(メカCAD)と電気設計CAD(エレキCAD)の間での設計変更によるイタレーションが頻繁に発生する。このため、いかに円滑に両者の協調設計を進められるかが装置の小型化や設計手番短縮の重要なポイントとなる。

機構設計では、2次元CAD(2D-CAD)と3次元CAD(3D-CAD)の双方を利用する。2D-CADはDXFやHPGLを仲介して、図面や図形情報を扱う場合に適用する。3D-CADはIDFを仲介し、プリント板モデルの作成、メカ設計要因のエレキCADへの設計制約情報の伝達、DFM検証モデルなどに利用する(図表5-6参照)。

"EMAGINE"でのエレキ／メカ協調設計では、双方の設計に必要な情報伝達

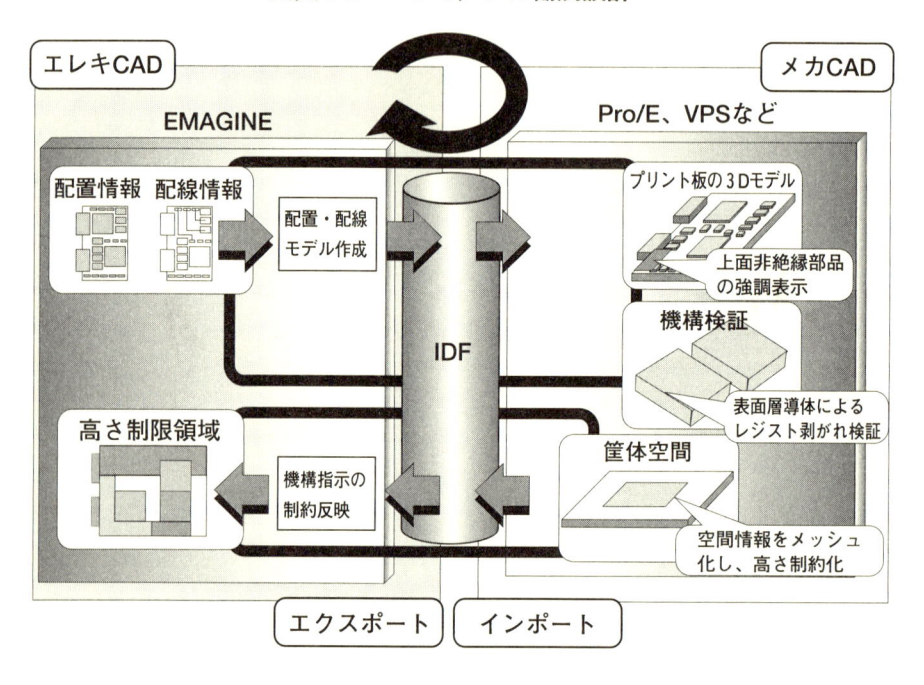

図表 5-6　エレキ／メカ協調設計

を以下の仕組みで実現している(**図表 5-7** 参照)。

5.3.3　部品ライブラリの標準化

　DFT/DFM を有効に活用するためには、部品ライブラリの情報の整備とメンテナンスなど、組織横断的な取り組みが不可欠である。部品点数の絞り込みは組立工場での在庫管理コストの削減に寄与する。また、供給性の考慮は部品終息にともなう再設計の抑制につながる。そこで、部品選定における装置単位、基板単位の搭載部品種類数を抑え、調達コストの低減や組立手番の短縮を図るため、統合部品ライブラリ管理"FCOMAS"により標準部品点数の徹底した絞り込みと、DFT/DFM に必要な部品属性情報や解析用モデルの整備を推進している。

　さらに、含有規制化学物質情報も管理し、グリーン製品設計を支えている。"EMAGINE"では"FCOMAS"が管理する部品ライブラリを軸に、以下のこと

図表5-7　EMAGINEでのエレキ／メカ協調設計の特徴

◆2Dインタフェース

方向	EMAGINEの特徴的な機能
インポート (メカ→エレキ)	●取り込む図形データを格納する場所としてユーザー定義層を用意し、用途に合わせて異なる層にそれらの情報を管理／制御する ●図形の色／レイヤーをもとに分類し、プリント板として意味のある情報(禁止領域など)として属性を付与して取り込む
エクスポート (エレキ→メカ)	●プリント板の特定層、特定要素を選別してエクスポートする ●プリント板の物理層をDXFのレイヤーに割り振り、層単位の情報を出力する

◆3Dインタフェース

方向	EMAGINEの特徴的な機能
インポート (メカ→エレキ)	●プリント板の配置情報を、部品種／高さ／絶縁性などの属性により、データの出力の制御、色強調の補正処理を行い、メカCAD側での確認作業を効率化 ●プリント板の配線情報の3Dモデル生成を行い、レジスト剥がれなどによる組立障害の可能性を検出
エクスポート (エレキ→メカ)	●メカCADで評価／検討した部品の搭載情報をエレキCADに取り込み、搭載位置ズレなどの不具合発生を抑制 ●メカCADで筐体を含めて検証した結果を、プリント板に搭載する部品の高さ制約領域として情報伝達し、部品の高さを考慮した最適配置を実現

を実現している(図表 5-8 参照)。

- 最適部品のダイナミック検索、選定
- 手配データ出力時の標準化部品チェック
- 終息部品や含有規制化学物質対策部品の自動置き換え

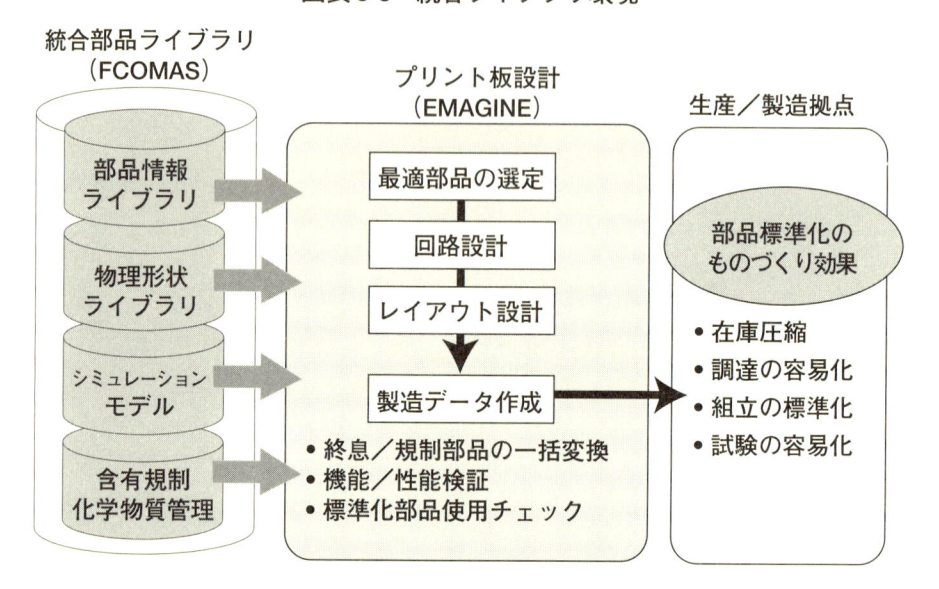

図表5-8　統合ライブラリ環境

統合部品ライブラリ（FCOMAS）
- 部品情報ライブラリ
- 物理形状ライブラリ
- シミュレーションモデル
- 含有規制化学物質管理

プリント板設計（EMAGINE）
- 最適部品の選定
- 回路設計
- レイアウト設計
- 製造データ作成
- 終息／規制部品の一括変換
- 機能／性能検証
- 標準化部品使用チェック

生産／製造拠点

部品標準化のものづくり効果
- 在庫圧縮
- 調達の容易化
- 組立の標準化
- 試験の容易化

5.4　部門／会社間を越えた協業環境の構築

　ビジネスのグローバル化にともない、製品開発コストの低減、開発期間の短縮などを目的として、部門間だけでなく国内外の企業とのパートナーシップによる設計協業、協力会社への設計業務の委託などが日常的に行われている。開発のスピードアップと品質向上という観点で重要となるのが、設計情報の互換性である。ここでは、部門間だけでなく、異なる設計環境をもつ会社間での協業環境をいかに構築しているかについて紹介する。

5.4.1　統合規格／製造インターフェース

　ビジネスのグローバル化にともない、製品開発のスピードアップと品質向上が求められていた。しかし、プロダクト（ユビキタス系／サーバ系／基幹系）部門ごとに設計標準規格が存在した。そのため、部門を超えた技術資産の相互活用の制約、複数基準による複合製品開発、製造立ちあげ、共通データベースの二重管理などの課題があった。

(1) 設計規格の統合

製品開発のスピード、品質、コストパフォーマンス向上のための技術基盤を製品開発部門に提供するために、部門間共通の業務フローや手順などの設計標準を統合した。また、プロダクト独自の基準はその強みを継続して活用するなど、設計規格の統廃合(60％削減)するとともに、国際標準への準拠、厳守すべき基準と推奨するガイドラインとに分類した。さらに、この規格統合と並行し、設計環境の見直しとデータベース(DB)統合、および各システム連携の強化などを実施した。

この規格統合により、設計での流用性の向上と部品採用手順／DB統合化などで開発期間短縮、デザインレビュー(DR)から出荷までの品質規格統一で製品ごとの品質バラツキをなくすなど、製品品質の向上に結びついている(**図表5-9**参照)。

(2) 製造インターフェースの統合

製造インターフェースは富士通独自仕様で旧情報／旧通信プロダクト用の2種類が存在しており、富士通グループ内のクロス製造対応の長期化、他社との

図表5-9 社内設計環境の統合

● 設計リソースの完全共通化：部門間協業の容易化
● 製造インターフェース統一：クロス製造の実現

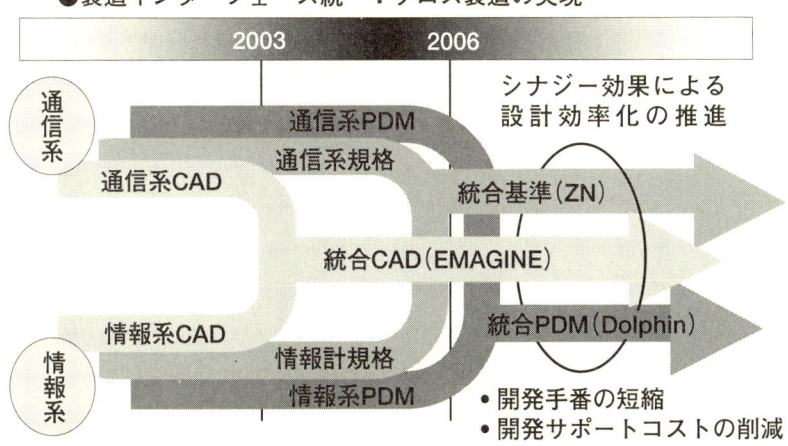

- 2003
- 2006
- 通信系
- 通信系CAD
- 通信系PDM
- 通信系規格
- 情報系CAD
- 情報計規格
- 情報系PDM
- 情報系
- 統合基準(ZN)
- 統合CAD(EMAGINE)
- 統合PDM(Dolphin)
- シナジー効果による設計効率化の推進
- ●開発手番の短縮
- ●開発サポートコストの削減

協業体制の構築が困難などの課題があった。

そこで"EMAGINE"では、製造インターフェースの統合化による相互製造立ちあげスピードアップと業界標準対応によるグローバル化を推進するために、組立情報と試験情報は IPC-2511B＊（新規採用、XML 記述形式）、基板製造情報は Gerber フォーマット（従来どおり）の業界標準の製造インターフェースを採用した。

これにより、富士通グループ内工場での製造工場移行期間を短縮するとともに国内外の他社とのグローバルな協業体制の構築を可能にしている。また、工場の製造受託（EMS）事業での準備期間短縮も実現している。

5.4.2　グローバル設計協業環境

製品開発コストの低減、開発期間の短縮などを目的として、国内外の企業とのパートナーシップによる設計協業、協力会社への設計業務の委託などが日常的に行われている。このためには、設計情報の互換性が重要、かつ不可欠である。しかし、一般に CAD 設計データは CAD ツールに依存しており、各社がそれぞれ導入している市販 CAD ツール間でのデータの互換性がなく、そのままでは協業や業務委託ができない。

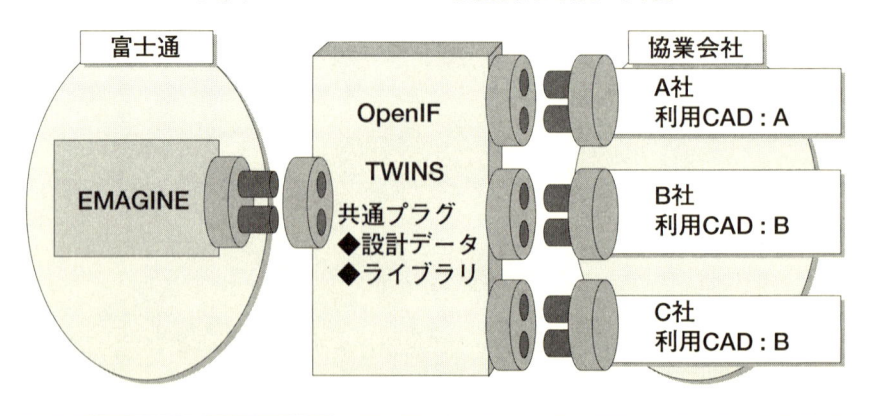

図表5-10　グローバル設計協業環境の実現

＊IPC：Institute for Interconnecting and Packaging Electronics Circuits（アメリカプリント回路工業会）

そこで、"EMAGINE"では(株)ソーワコーポレーションが開発した市販CADデータ相互変換ツールであるTWINSをベースに、他社CADとのデータ変換機能を開発することで、オープンなインターフェース環境を実現している(図表5-10参照)。

この仕組みはすでにさまざまな場面において活用されており、いくつかを紹介する。

- **"EMAGINE"の解析ツール活用**
"EMAGINE"では多くの解析ツールとの連携が行えることから、協力会社で設計した配線データを"EMAGINE"上で解析する。よく利用される事例として、ノイズ解析(SIGAL)がある。
- **"EMAGINE"のDFM機能活用**
"EMAGINE"では、社内、関係会社・工場に対応したDFM向けに用意された多彩なDRC機能により、他社CADによる設計データでも社内CADと同等の製造性を確保できる。
- **"EMAGINE"による配置、配線**
他社に提供するデータも特別なCADを使用することなく、操作に慣れた"EMAGINE"を利用することで効率のよい低コストな設計を行い、先方のCADデータに変換している。

さらにTWINSは社内のASP環境において共有運用が可能となっている。設計者は必要に応じて共通サーバにデータを送付し、目的のCADデータとの相互変換を行うことができるのである。

5.5 計算機リソースの有効活用

電子機器における素子の小型高速化、低電圧化に加え、振動、衝撃、静電気解析などの必要性により、製品設計環境には大規模データ処理や高性能なCAD環境が求められている。このため従来の分散型の設計環境では、各種解析処理

時間の長期化に加え、ハード／ソフト設備投資の増加、メンテナンスなどの維持管理負担の増加などの問題が顕在化しつつある。

ここでは、これらの課題解決に向けた"EMAGINE"の対応について紹介する。

5.5.1　CAD-ASP

メンテナンスなどの維持管理負担については、高速化の進展で複数拠点ごとの解析ソフトの導入にともなう管理負担増に加え、導入ソフトのバージョンが拠点ごとに異なるなどの課題がある。

そこで、ハード／ソフトの共用化を行い、分散型から集約型の設計環境を構築し、CAD-ASP（Application Service Provider）サービスを提供している（**図表5-11** 参照）。さらに、CADシンクライアント環境によるデータのサーバ1元化は、情報漏洩対策にもつながっている。

ASPサービスの特徴としては、ユーザー側（クライアント側）にソフト（ツール）をインストールすることなく、ネットワークを介してアプリケーションが利用できる点にある。設計者は、OSやマシンを意識することなく、Web画面

図表5-11　CAD-ASP／テクニカルコンピューティング環境

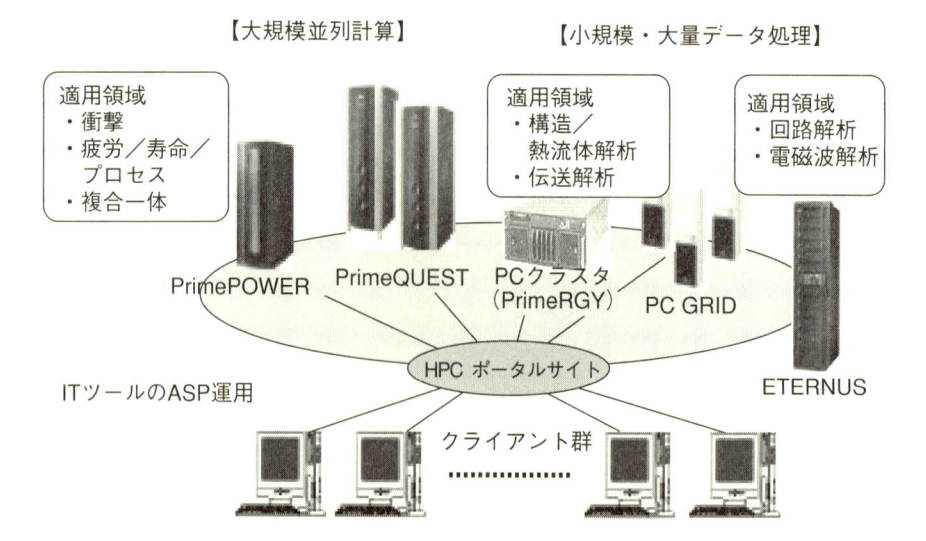

よりアプリケーションを選択し、必要なパラメータを設定してジョブを実行、結果を確認できる。すなわち、CADシンクライアント環境での設計作業を可能にしているのである。

ASPサービスにおけるハードウェア共用化では、最新高性能ハード設備を導入し、大規模設計データでのTAT改善（Turn Around Time）、稼働率向上によるハード設備投資の適正化を図っている。ソフトウェア共用化では、ソフトウェアベンダー各社との契約にもよるが、最先端の高機能ソフトを導入し、全社設計部門での共用化、平準化での稼働率向上により、ソフト投資の適正化も行っている。

また維持管理面では、集約化したことで、専門スタッフによるマシン監視、ソフトのメンテナンス、複数版数のシステム提供を行い、設計者を運用管理から開放している。

現在、ASP利用ユーザーは30拠点あり、2,000人以上にサービスを提供し、ハード／ソフトの導入コストを30％以上効率化させるとともに、開発期間の短縮と高い設計品質の確保を実現している。

5.5.2　テクニカルコンピューティング環境

近年の高性能な電子機器の開発では、振動対策、衝撃対策、静電気対策、堅牢化など、さまざまな要件を同時に満足する必要がある。したがって、各種解析処理時間の長期化が問題になりつつある。

この課題を解決するために、コンピューティングパワーを増強し、パワフルで使いやすいコンピューティング環境を配備した。これにより、開発現場のIT環境強化を図り、従来の環境では不可能であった高精度解析を可能にしている。例えば、装置全体の冷却構造の解析、大規模プリント板の複合ノイズ解析、耐震構造の事前検証、ハードディスクヘッドの解析におけるナノの世界の可視化などである。

テクニカルコンピューティング環境（図表5-11）には、最新鋭の高性能サーバー（PRIMERGY、PRIMEQUEST、PRIMEPOWER）を導入した。これにより、ギガビットInfiniBandによる分散メモリ型並列計算処理、共有メモリ型

並列計算処理、グリッドコンピューティング処理など、開発現場で必要とする大規模並列計算、小規模大量データ処理などの各種解析に最適な環境を選択できるようになっている。この結果、CPU能力は従来の約8倍、計算スピードは10～20倍の処理能力を有するようになった。また、使いやすさではWebベースのテクニカルコンピューティングポータルを提供し、設計者にUNIX/Linux/Windowsといったマシン OS やハード環境を意識することなく、ジョブ投入、実行状況／結果確認ができる運用環境としている。

テクニカルコンピューティング環境を利用している解析事例には、衝撃解析や基板そり解析などの構造解析、ノイズ、静電気解析、磁場解析、プロセス解析、冷却解析、熱流体解析、LSIとプリント板のノイズ一体解析などがある。

5.5.3　グリッド環境

計算機の高性能化、ネットワークの広帯域化を背景に、地理的に分散した計算機資源をネットワークで接続し、1つの計算機システムのように、利用するためのグリッドコンピューティング技術を活用し、製品開発における大量の解析を短期間で実施するためのグリッド環境も構築している（**図表5-12**参照）。

グリッド環境（CAD‐Grid）の特長は、①解析モデル（プログラム）がLinux、

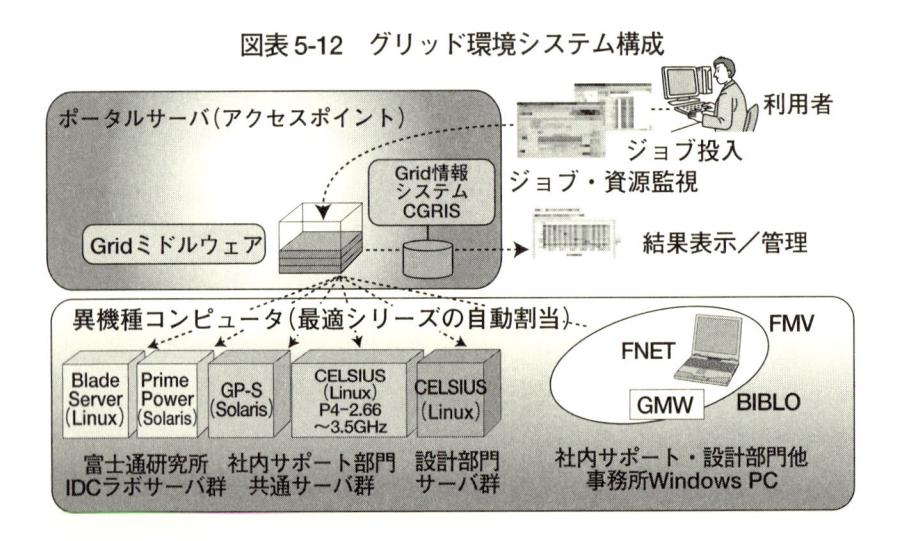

図表5-12　グリッド環境システム構成

Windows、Solaris のいずれであっても、1つの入り口(ポータル)に投入すれば結果が得られる。②解析は専用サーバ上だけでなくオフィスで利用されている一般 PC 上でも影響を与えることなく実行される。③実行先マシン故障時には自動的に別マシンに回送され、滞りなく解析が継続実行されることなどがあげられる。

"EMAGINE"では、解析環境としてグリッド環境とテクニカルコンピューティング環境を設計に併用している。主としてテクニカルコンピューティング環境は、1本の巨大解析ジョブを分割、並列実行するのに適した環境である。それに対し、グリッド環境は1本1本の解析は個々に独立しているが、解析数が多いアルゴリズム検証や LSI/FPGA 論理検証、テストパターン検証に使い分けている。

これにより、移動通信システムのシステム解析への適用実績では、解析 50 万本の処理時間を 680 万→ 170 万時間(1/4)、工数 28 → 20 カ月(2/3)に短縮し、解析によっては、ものづくり前にアルゴリズムを 10 以上改善する効果を得ていることになる。

5.6 その他の特長

その他の特長として、設計の見える化とディザスタリカバリーシステムについて紹介する。

5.6.1 設計の見える化／設計力強化の取り組み

富士通の製品は携帯電話やノートパソコンのような小型機器から IT インフラの基幹を支えるネットワーク、サーバ、ストレージなど多岐にわたる。それぞれ開発プロセスやテクノロジー、開発拠点が異なっており、横通しでの現場全体の実態をつかむのが困難な状況にある。また、1つの装置開発においても関係する設計者数の増大、多拠点での開発による状況把握にかけるコストの増加が課題である。

"EMAGINE"では、自社開発CADツールでしか成し得ない強みとして、CADツールから詳細な設計ログを収集し、視覚化することでの設計プロセスの見える化の実現がある(**図表 5-13** 参照)。

収集するログ情報は、ツールごとに設計対象となったプリント板図番、部品数などの統計情報、工程間インターフェースの日時、ツール各機能の利用時間、回数などである。これらの情報から、装置ごとに各設計工程の状況をガントチャートで視覚化する。それによって設計期間や工程間の手戻り状況を日々確認し、設計遅延などの異常状態を客観的に把握することができる。

また、搭載部品数、ネット数、ピン密度に応じた設計期間などの統計情報をもとに、設計期間の予測を行うことも可能であり、適切なリソース割当も可能となっている。ツールの利用機能ログからは、各機能を効果的に利用しているかを見ることができる。効率化や品質向上に有効な機能が十分に活用されていない場合には、設計者へのヒアリングとともに、プロモーションやトレーニング機会を設ける取り組みなどを実施し、有効な利用方法の啓蒙活動による設計力の強化に活用している。

さらに頻繁に使用される機能に関して、重点的に操作数の削減やレスポンス

図表 5-13　設計の見える化／設計力強化の取り組み

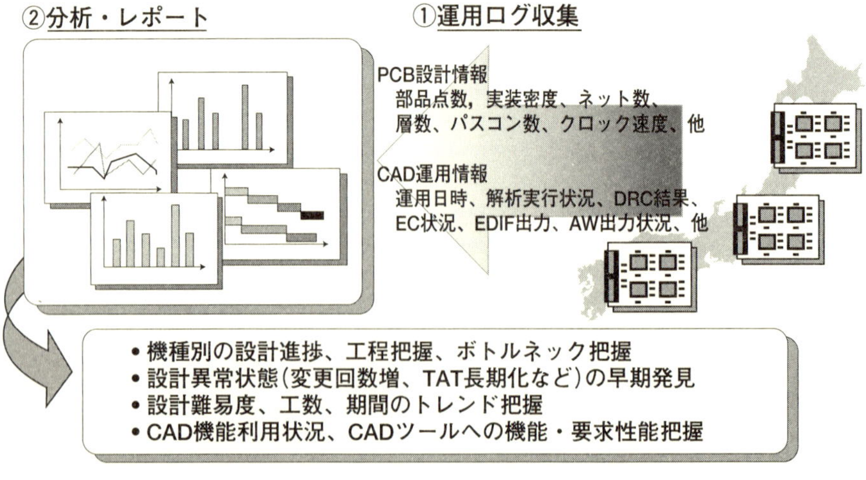

②分析・レポート　　　　　　①運用ログ収集

PCB設計情報
　部品点数、実装密度、ネット数、層数、パスコン数、クロック速度、他

CAD運用情報
　運用日時、解析実行状況、DRC結果、EC状況、EDIF出力、AW出力状況、他

- 機種別の設計進捗、工程把握、ボトルネック把握
- 設計異常状態(変更回数増、TAT長期化など)の早期発見
- 設計難易度、工数、期間のトレンド把握
- CAD機能利用状況、CADツールへの機能・要求性能把握

短縮を図るなど、CADツール開発へのフィードバックとしても活用し、設計力の強化を図っている。現在では、これら情報をもとに事業部間での設計プロセスや統計情報、ツール機能利用状況の傾向をまとめ、各事業部にフィードバックすることで、全社の設計力強化を図っている。

5.6.2 ディザスタリカバリーシステム

内部統制の強化（日本版SOX法2008年4月法制化）、事業継続へ向けてのリスク管理の整備は企業の社会的使命である。当センターでも製品開発部門への支援を強化している。ここでは当社のデータ管理と被災時リカバリー環境（図表5-14参照）について概要を紹介する。

(1) 特長

- 遠隔地へのバックアップ

製品開発部門で日々発生する設計データや各種ドキュメントを開発拠点から離れた遠隔地IDCへ、ネットワークによりデイリーにバックアップする。

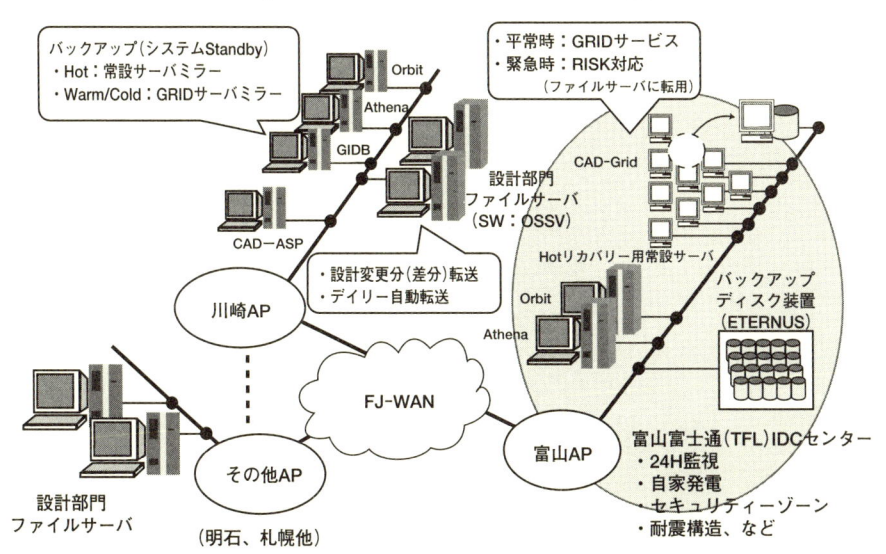

図表5-14　ディザスタリカバリー環境

バックアップ（システムStandby）
・Hot：常設サーバミラー
・Warm/Cold：GRIDサーバミラー

・平常時：GRIDサービス
・緊急時：RISK対応
（ファイルサーバに転用）

Orbit
Athena
GIDB
CAD-ASP
設計部門ファイルサーバ（SW：OSSV）
CAD-Grid
Hotリカバリー用常設サーバ
Orbit
Athena
バックアップディスク装置（ETERNUS）

・設計変更分（差分）転送
・デイリー自動転送

川崎AP
その他AP（明石、札幌他）
FJ-WAN
富山AP

富山富士通（TFL）IDCセンター
・24H監視
・自家発電
・セキュリティーゾーン
・耐震構造、など

設計部門ファイルサーバ

- 自動バックアップ

センターとユーザーサーバにそれぞれインストールされたバックアップソフトが互いにコミュニケートし、日々設計差分データを自動抽出し、センターへ自動転送する。当自動化は人的運用ミスを撲滅、運用負担を大幅に低減している。

- データリカバリー

セキュリティー強化のため、データリカバリーは被災時に限定している。被災時は即時、または数日での復旧が可能である。

(2) 方式

初回バックアップではユーザー指定データを全バックアップし、次回からは前回の差分のみを抽出してバックアップする方式をとっている。また、データはセンターで自動管理され、最新版のみを保管するとともに、版数はカートリッジテープにより3世代まで管理している。

リカバリーは、被災元のサーバが無事であれば、ユーザー指定のデータをネットワークにより即時リカバリー可能である。また使用不可のときも、センターサーバに指定データをダウンロード、被災元からネットワークでの同データを利用可能としている。

(3) 利用状況と今後の展開

現在、当バックアップシステムは、関係会社を含め約71部署で利用しており、対象サーバ数130台(総容量は8TB)をカバーしている(2006年8月末時点)。

今後、SOX法にもとづく事業継続計画(BCP：Business Continuity Plan)の強化と併せ、さらなる設備強化(ディスク増量、ネットワーク帯域増など)を実施する計画である。

5.7　最後に

　第5章では、「ものづくり革新を支える設計環境」として、設計源流から開発関連部門が協調して設計品質を向上させる富士通グループ統合設計環境を紹介した。この環境は、電気設計、解析、構造設計における各CADのライブラリ整備や新機能開発による個別効率化はもちろんのこと、各業務間の徹底的な情報連携による統合検証などの全体最適化を推進し、設計源流での品質の作り込みや手戻りの低減化など効果的な製品開発を可能としている。今後、開発製品特有の検証機能や連携強化など、設計部門、製造部門の要望を反映させ、さらなる設計環境の強化を予定している。

【参考文献】

(1)　山下智規ほか:「グリッド環境「CAD‐Grid」構築と移動通信システム解析への応用」、『6th PSE-WS』、pp. 31‐36、2003年。
(2)　小橋博道ほか:「グリッドミドルウェアCyberGRIPによる組織を横断した計算機利用」、『7th PSE-WS』、pp. 63‐68、2004年．
(3)　中村武雄ほか:「製品開発を加速するCAD‐Gridシステム」、『FUJITSU』、Vol.55、No.2、pp. 121-126、2004年。
(4)　山口高男ほか:「ものづくり革新を支える統合設計環境」、『FUJITSU　2005年11月号』、VOL. 56、No.6、pp. 573‐579、2005年。
(5)　鈴木英俊ほか:「Webオルケッタの開発と社内CAD‐ASPへの適用」、第80回富士通開発成果発表会資料。
(6)　「企業の持続的発展に向けて　企業価値向上のための統合リスクマネジメント」、『富士通ジャーナル』、2006年7月、8月合併号、2006年。

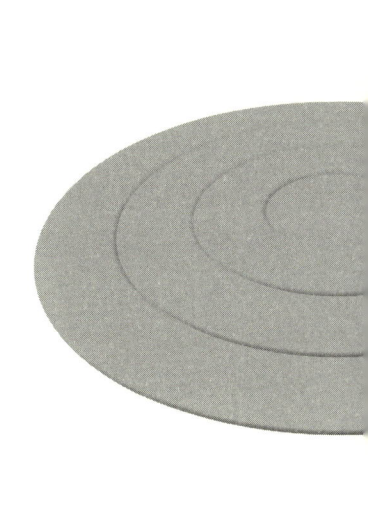

組込みソフトウェア開発の品質と開発効率改善への取り組み

第6章

近年、組込みソフトウェアの大規模化と複雑化にともなう品質問題がクローズアップされている。この問題は、新たに生まれた問題かというと、そうではない。20年以上も昔の、第3次オンラインシステムなどの汎用機における大規模開発が目白押しであった時代も同様の問題が議論されていた。このときの先人達が取り組んでいた施策の本質を振り返ることにより、現状の問題を解決するためのアイデアが生まれてくると考える。

ソフトウェアの開発形態はさまざまであり、ある開発プロジェクトにおいて効果的な技法やツールがあったとしても、別のプロジェクトで同様の効果が得られる訳ではない。過去の事例を現状の開発現場に適用しやすいように調整し、そのプロジェクトの開発のライフサイクルに定着させることが重要である。

本章では、汎用大型コンピュータ上のソフトウェア開発で培ったノウハウをベースに、組込みソフトウェア開発の開発改善活動に適用させていった事例を紹介する。

6.1 組込みソフトウェア開発改善活動

6.1.1 組込みソフトウェア開発の特徴

組込みソフトウェアは、汎用的なコンピュータ上で動作するアプリケーションソフトウェアに比べ、搭載するCPUのクロック数も、プログラムを載せるメモリも少ないといった、制限されたハードウェア環境の中で動作させなければならない。組み込む装置の大きさや値段にもよるが、携帯電話や家電装置など、大量生産するような装置であればあるほど、小さく安く作ることが要求され、CPUやメモリといったソフトウェアの動作環境の制約は、より厳しいものになってくる。

組込みソフトウェアの開発では、ソフトウェアを開発する環境とソフトウェアを動作させる環境が異なる。また、ハードウェアが最初からできあがっている訳ではないため、ハードウェアと協調しながらの並行開発となる。こういった点も、組込みソフトウェアの開発は、汎用的なコンピュータ上で動作するソ

フトウェアの開発とは異なる。テスト方法や開発の進め方を、開発ごとに考えなければならない。装置によっては、シリーズ製品を五月雨式に出荷する場合もある。この場合は、1つの製品単体ではなく、シリーズ製品をひとまとめにした開発計画を立てなければならない。

組込みソフトウェア開発では、ハードウェアの評価版をいくつかのサイクルでバージョンアップしながらソフトウェア設計部門に評価してもらう作業を繰り返していくことが多い。このため、組込みソフトウェア開発は、代表的なソフトウェア開発の進め方であるウォーターフォール型の開発形態ではなく、インクリメンタル型(追加型)の開発形態となる。出荷版のハードウェアが仕上がった後の最終的な仕上げは、コストや期間の関係からソフトウェア設計部門が対応せざるを得ない。このため、ハードウェア問題の尻拭いをするのは組込みソフトウェア開発者であるというイメージとなり、組込みソフトウェア開発者の不満の温床となっているともいわれている。

6.1.2 開発改善活動の歴史

富士通における情報機器組込み型のソフトウェア開発の現場では、20年以上も前から、情報機器組込み型ソフトウェアの開発規模増大化に対する改善活動の取り組みを行ってきた。

図表6-1に、開発改善活動の歴史を示す。

第1期:開発手順の標準化と開発環境の整備(1980年前後〜1990年)

1979年、汎用コンピュータ上のソフトウェア開発部門からの移転者を中心に、情報機器に組み込むソフトウェアの開発支援を行う部門が組織化された。組織化された当初は、汎用大型コンピュータ上のソフトウェア開発用標準をもとに、情報機器に搭載する組込みソフトウェア開発の実践を重ねた。そして、数年間の実績をもとに、主に組込みソフトウェアの開発手順の標準化推進とクロス開発環境の整備を行う支援組織となった。

当時の組込み機器には、OSを載せることは少なく、開発言語もアセンブラがほとんどであった。このため、開発の効率化にあたっては、組込みリアルタ

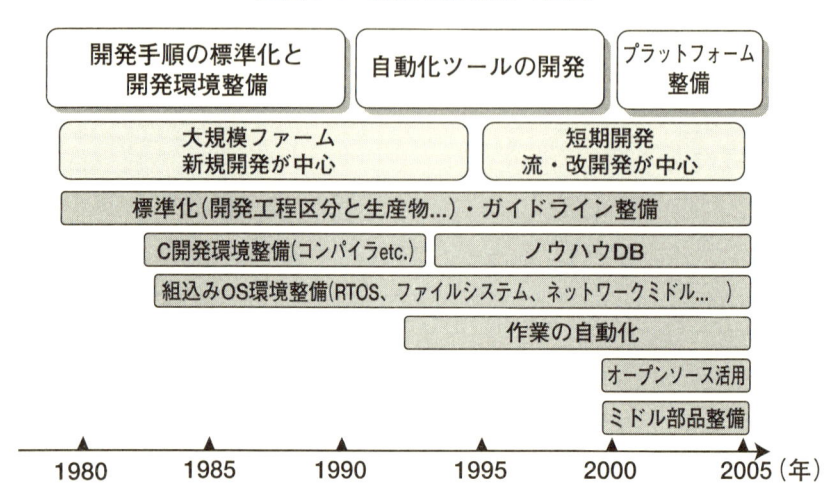

図表6-1　開発改善活動の歴史

```
┌─────────────────────────┬─────────────────────┬─────────────┐
│ 開発手順の標準化と      │ 自動化ツールの開発  │ プラットフォーム │
│ 開発環境整備            │                     │ 整備        │
└─────────────────────────┴─────────────────────┴─────────────┘
```

- 大規模ファーム　新規開発が中心
- 短期開発　流・改開発が中心
- 標準化（開発工程区分と生産物…）・ガイドライン整備
- C開発環境整備（コンパイラetc.）
- ノウハウDB
- 組込みOS環境整備（RTOS、ファイルシステム、ネットワークミドル…）
- 作業の自動化
- オープンソース活用
- ミドル部品整備

1980　1985　1990　1995　2000　2005（年）

イム OS 利用や開発言語の高級言語化を推進した。

第2期：自動化ツールの開発（1990年〜2000年）

1990 年に入った頃から、開発用マシンは、それまでの汎用機から UNIX ワークステーション、そして WindowsPC へと変わっていった。これにともない、クロスコンパイラやシミュレータについては、安価な開発ツールが種々のベンダーから販売されるようになった。

そこで、開発ツールは個別開発から汎用ツールの利用に移行する一方、社内では Windows ベースの開発管理、設計、テスト作業の効率化推進のため、自動化ツールの開発を進めていった。

製品開発部門では、1990 年代前半、ISO 9000 シリーズ登録取得を契機に組込みソフトウェアの開発ガイドラインの整備が行われた。1990 年代後半から 2000 年に入ってからは、CMM/CMMI などのプロセス改善活動が進められている。

第3期：プラットフォーム整備（2000年〜）

市販のものだけでなくオープンな開発ツールが数多く広まり、汎用的なものは、社内開発から外部ツールの利用推進へと展開していった。ただし、外部ツールにはない、独自ノウハウを活かしたツールについては、継続してノウハウ

の注入によるツール開発を行っている。

　組込み装置の高機能化に伴い、組込みリアルタイムOS上に、ファイルシステムやネットワークプロトコルなどのミドルウェア層が必要になってきた。さらなる高機能化に備え、最近は、サーバ上のミドルウェアを組込み機器向けに展開している。組込み機器向けのブラウザや音声を始め、圧縮、暗号化技術を活かしたミドルウェア部品の整備を行っている。また、オープンソースについても、活用をサポートするサービスの提供を行っている。

6.1.3　開発改善活動の定着に向けて

　図表6-2に、現在の組込みソフトウェアの支援体系を示す。
　開発プロセス整備に関しては、品質部門を中心にトップダウンを起点とした改善活動が行われている。単なるトップダウンにならないように、TPS(トヨタ生産方式：Toyota Production System)の考え方を取り入れた改善活動をボ

図表6-2　組込みソフトウェア開発支援体系

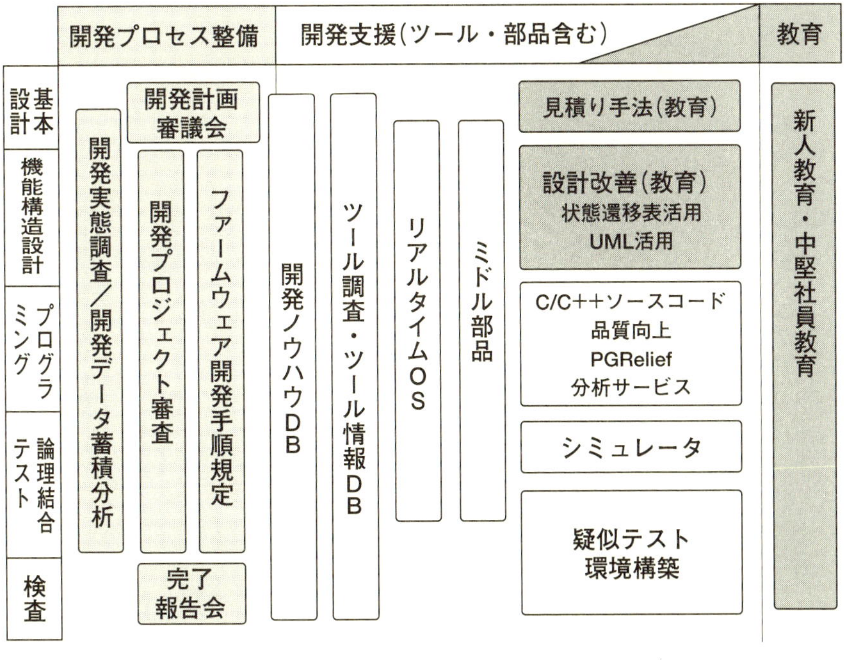

開発プロセス整備			開発支援(ツール・部品含む)				教育
基本設計 / 機能構造設計 / プログラミング / 論理結合テスト / 検査	開発実態調査／開発データ蓄積分析	開発計画審議会 / 開発プロジェクト審査 / ファームウェア開発手順規定 / 完了報告会	開発ノウハウDB	ツール調査・ツール情報DB	リアルタイムOS	ミドル部品	見積り手法(教育) / 設計改善(教育) 状態遷移表活用 UML活用 / C/C++ソースコード品質向上 PGRelief 分析サービス / シミュレータ / 疑似テスト環境構築	新人教育・中堅社員教育

トムアップで展開するなどの工夫を行っている。

開発支援系については、全社横断組織である共通技術部門が製品開発部門と連携し、共通部品の整備や開発ノウハウの整備を行っている。開発ノウハウのうち、体系化されたノウハウについては、必ず守らなければならないルールと、守ることを推奨するガイドラインに分け、製品開発部門への水平展開を図っている。

新しい開発技法や考え方の導入については、教育部門が、新入社員教育とともに新技術導入のための中堅社員教育を展開している。

6.1.4　活動事例

1990年代の中頃から実施している各種改善活動事例の中から失敗事例と成功事例を紹介する。

(1)　失敗事例：設計支援ツールの開発と利用推進

1990年代中頃から2000年にかけて、構造化設計や状態遷移表のためのツールを開発し、組込みソフトウェア開発部門への利用推進を図っていた。設計ドキュメントが保守されず最新のソースコードの状態と合っていない状況の改善や、設計問題に起因する障害を早期に発見できる仕組み作りのために設計支援ツールの開発を行った。

〈結果〉
- ツールは開発できたが、数プロジェクトに使われただけで、普及しなかった。
- 使用したプロジェクトでも、継続的な利用にまで至らなかった。

〈失敗要因〉
- 設計を行うためのツールは、GUI操作性のよさが重要ポイントとなる。GUI操作性をよくするためには、それなりの開発コストが必要となるが、操作性のよい市販の設計ツールが出回り、開発するよりも購入した方が安くなってしまった。
- 設計行為は、ツールによって効率化したり品質が向上したりするものでは

なく、人間依存性の高いものである。設計技法の教育や導入サービスなどの支援活動が不十分であった。
- すべての開発で効果があがる設計技法はなく、適材適所に効果的な技法を使い分ける必要がある。しかし、一般的な技法を共通部門が推進したため、利用効果が感じられなかった。

〈現状〉
- 製品開発部門が中心となって、事業部門ごとに新しい設計技法の導入を行っている。パイロットプロジェクトで試行し、効果のある技法については、教育部門と連携し、事業部門全体への展開や普及を行っている。

(2) 成功事例：静的解析ツールの開発と利用推進

設計支援ツールと同様に、1990年代中頃からC言語ソースコードのレビューを支援するための静的解析ツールを開発した。lintと呼ばれるオープンなツールもあったが、C言語の教育ノウハウを活かした独自のツールを開発し、利用推進のためのサービスや教育を実施した。

〈結果〉
- 開発したツールは、競合他社とも比べ競争力のある機能を搭載できた。現在は、製品として販売も行っている。
- ツール機能として、C言語だけでなくC++言語も対象に機能アップ。
- 情報機器組込みソフト開発部門では、ほぼ100％に近い利用率が続いている。情報機器組込みソフト開発部門だけでなく、サーバミドルウェア開発部門やエンタープライズ系の業務システム開発部門にまで、その利用が広まっている。

〈成功要因〉
- 対象となるものがC言語のソースコードであり、その仕様が標準化（ANSI仕様）されていたため、装置依存性がなく、C言語を利用しているすべての開発者に効果があった。
- ツール開発では、GUI操作部分は補足的な作業に止め、開発コストをノウハウ注入に集中させた。

- ツールを配布するだけでなく、関連サービスや教育などのサポートを行った。

6.2節では、成功事例で紹介した「静的解析ツールの開発と利用推進」について詳しく紹介する。

6.2 ソースコードの品質改善活動

6.2.1 活動背景

ソフトウェアのテストには、静的テストと動的テストの2つのテスト方法がある。一般的にテストと呼ばれるのは、動的テストのことである。

- **静的テスト**：プログラムを実行させることなくデバッグする手法で、ウォークスルーやインスペクションといった手法もある。
- **動的テスト**：プログラムを実行してデバッグする手法で、オウンデバッグ、シミュレーションデバッグ、エミュレータデバッグ(ICE)、オンラインデバッグなどがある。

静的テストと動的テストの関係を**図表6-3**に示す。

静的テストでは、動的テストでは取り除くことができない無駄な記述や保守上危険な記述、読み難い記述などを取り除くことができる。また、動的テスト

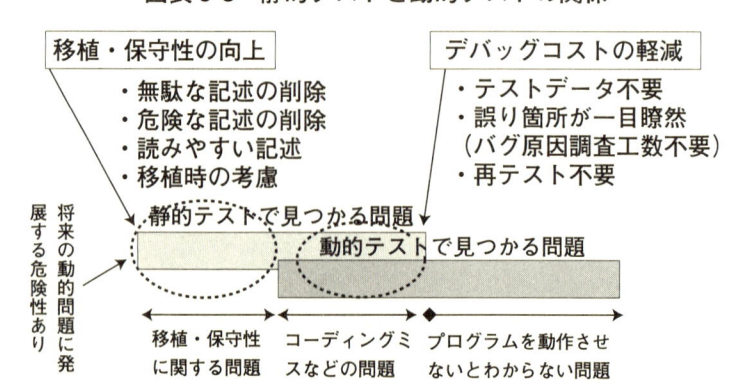

図表6-3 静的テストと動的テストの関係

```
┌─────────────────┐           ┌─────────────────┐
│ 移植・保守性の向上 │           │ デバッグコストの軽減 │
└─────────────────┘           └─────────────────┘
  ・無駄な記述の削除              ・テストデータ不要
  ・危険な記述の削除              ・誤り箇所が一目瞭然
  ・読みやすい記述                 (バグ原因調査工数不要)
  ・移植時の考慮                  ・再テスト不要

        静的テストで見つかる問題
       ╭─────────╮
       │         │ 動的テストで見つかる問題
       │         ├──────────────────┤
       ╰─────────╯

    ←──────→ ←──────→ ←──────→
     移植・保守性  コーディングミ  プログラムを動作させ
     に関する問題  スなどの問題    ないとわからない問題
```

（将来の動的問題に発展する危険性あり）

で検出できる問題についても、テストデータを準備し実行するための環境を用意する必要がない。さらに、誤り箇所が一目瞭然であるため、動的テストに比べ、効率的なデバッグができるという利点がある。

静的テストは非常に効率的ではあるが、静的テストですべての問題を検出できる訳ではなく、プログラムを実行しなければ検出できない問題もある。

したがって、静的テストと動的テストを組み合わせることにより、現状の開発だけでなく、将来の流用や改造時における開発効率の向上を図ることができる。

組込みソフトウェアの多くは、製品が利用されている間は保守し続けなければならない。中には、十年以上も保守し続けなければならないものをある。また、他製品にも流用改造してプログラムを再利用するため、プログラムは単に動けばよいだけでなく、ソースコードとして再利用しやすくしておくことが重要である。このため、再利用開発を含む組込みソフトウェアの品質を含めた開発効率をあげるためには、保守性や移植性を考慮したプログラムの作成を促す静的テストの実施が重要である。

6.2.2　活動当初の問題

　組込みソフトウェア開発における開発言語はC言語が主流となっているが、C言語は簡潔にコーディングできる反面、コーディングの仕方によっては読み難く、バグを内在化しやすい性質をもっている。このため、C言語誕生当時から、lintと呼ばれる静的テストを効率的に実施するための静的解析ツールが提供されていた。

　しかし、実際の組込みソフトウェア開発現場では、lintはほとんど利用されていなかった。開発者へのヒアリングを行った結果、lintを利用しない理由として、以下の2点があげられた。

- **クロス開発環境ではlintはすぐには使えない**
- **lintを使っても利用効果がすぐにわからない**

加えて、組込みソフトウェア開発におけるソースコードの再利用は年々増加している。再利用しやすいソースコードは動的テストでは作成できないため、

スキルのある人間がレビューする必要がある。しかし、実際の開発現場では、納期に追われ、動くプログラムを作るのに精一杯という状況が見受けられた。そのため、動的テストによるデバッグが中心となり、静的テストで発見できるようなコーディングミスレベルの単純な障害も動的テストでデバッグするという、効率の悪いテスト状況が散見された。

6.2.3 活動の概要

この状況を改善するためには、効率よくテストが実施でき、さらに、再利用性も含めた総合的なソースコード品質を向上させる、組込みソフトウェア開発に利用しやすい静的解析ツールを開発し、利用推進することが重要と考えた。

そこで社内ノウハウをベースに、組込みソフトウェア開発者にも利用しやすく、利用効果がすぐにわかる静的解析ツールPGRelief(以下PGRelief)を開発した。ツールの開発と提供だけでなく、教育やサービスを組み合わせた総合的な支援活動を実施し、設計段階における静的テストの適用を推進した。

PGReliefは、1995年に初版を社内に提供開始し、現在までに10版以上の改版を重ねている。ある1,000人規模の組込みソフトウェア開発部門で本ツール適用率調査を続けているが、ツール提供当初は26%程度の適用率であったが、現在では100%に近い状態となっている。

次に、PGRelief開発、開発者への啓蒙活動におけるポイントを説明する。

6.2.4 PGRelief開発

静的解析ツールを組込みソフトウェア開発者に利用してもらうため、開発時に考慮した点をいくつかあげる。

(1) 種々のコンパイラへの対応

静的解析ツールは、コンパイラと同様、言語構文を解析する仕組みをもっている。このためC言語の静的解析ツールは、C言語の標準規格であるANSI規格の構文を解析する仕組みをもっている。しかし、Cコンパイラは、ANSI規格の構文だけをもっている訳ではなく、ANSI規格では定義していない方言を

もっている。このため、静的解析ツールは、標準規格の対応だけでなく、コンパイラ方言への対応も必要になる。

組込み開発では、種々のCPUを利用している。利用されるコンパイラも多岐にわたっているため、静的解析ツールは、種々のコンパイラ方言に対応させる仕組みをもつ必要がある。

そこでツールを開発するにあたり、市場で利用されているCコンパイラを調査し、コンパイラごとにもっているコンパイラ方言を抽出した。これらのコンパイラ方言を、簡単なオプション設定で解析できるようにした。また、ANSI規格外の構文は、移植性を損なう記述のため、ANSI規格外構文であることを示す指摘を行い、ANSI規格に則った書き方に直させるようにした。

(2) 利用効果がすぐに感じられる指摘機能の開発

社内では設計を通して蓄積してきた障害事例をもとに、Cコーディングノウハウ集を作成し、問題の再発防止に役立てている。

そこで、このCコーディングノウハウ集をもとに障害事例をチェックする仕組みをツールに組み込み、障害の危険を指摘する機能を開発した。

障害事例は社内の利用者から寄せられており、指摘機能強化としてツールに反映してきている。初版提供時は20個弱しかなかった障害の危険を示す指摘数は、現在は100個を超える数になっている。最近の障害危険指摘としては、動的テストでも見つけにくい、メモリ関連障害を指摘するものも含まれている。

以下に、障害の危険を示す指摘のいくつかを紹介する。

例1：演算子の優先順位の誤り
　　［誤］　if (flag & 0x10 == 0)
　　［正］　if ((flag & 0x10) == 0)

例2：代入と比較の誤り
　　［誤］　if (x = 0)
　　［正］　if (x == 0)

例3：動的メモリ獲得失敗チェック漏れ
　　　［誤］　p = malloc(100); memset(p, 0, 100);
　　　［正］　if ((p = malloc(100)) != NULL) memset(p, 0, 100);
例4：バッファオーバーフローの危険
　　　［誤］　char str[4]; strcpy(str, "1234");
　　　［正］　char str[5]; strcpy(str, "1234");

　これらの問題は、ネットワーク脆弱性の一因ともなったことから、セキュア・プログラミングとしてWebでも広く公開されている（http://www.ipa.go.jp/security/awareness/vendor/programming/）。

(3) 再利用性を向上させる指摘機能の充実

　lintでも指摘する無駄な変数宣言や型の不整合といった指摘がある。また、ANSI規格の中で、未定義や未規定としている部分の指摘も行っている。未定義や未規定事項は、コンパイラごとに動作が異なるおそれがあるため、コードの再利用性を劣化させる原因となる。以下に未定義や未規定の例を示す。

例5：初期化していない自動変数の参照（ANSI規格の未定義事項）
　　　［誤］　int x; x++;
　　　［正］　int x = 0; x++;
例6：副作用問題（ANSI規格の未規定事項）
　　　［誤］　x = x++;
　　　［正］　x++;

　最近では、自動車用ソフトウェアの信頼性向上をめざす英国の非営利団体MISRA（http://www.misra.org.uk/）が作成した、自動車用ソフトウェア向けのC言語の利用ガイドラインが注目を浴びている。本ツールの中では、MISRAルールに対応した指摘も用意している。

例7：制御文は { } で囲う（MISRA1998：ルール59）
　　［不適］　if (x < 0) x = -x;
　　［適合］　if (x < 0) { x = -x; }

例8：浮動小数点はループカウンタに使わない（MISRA1998：ルール65）
　　［不適］　float i; for (i = 0; i < 10; i++)
　　［適合］　int i; for (i = 0; i < 10; i++)

6.2.5　開発者への啓蒙とツールの利用推進

　開発者にツールの有効性を認識させるため、教育やサービスと連携したツール利用推進活動を実施した。中でも特に効果が高かったのは、「コード分析サービス」である。この時実施したコード分析サービスは、以下の手順で行った。

① ソースコードに対してPGReliefを使って解析する。
② ツールが指摘した箇所を分析者がレビューし、どういう問題かを解説する報告書を作成する。
③ 開発者(マネージャークラス含む)を集めて報告会を実施する。

　静的解析ツールの利用推進活動は、ボトムアップを起点として推進していった。分析サービスを通じてマネージャークラスを巻き込み、マネージャークラスの理解を得ることにより、トップダウン的な要素を織りまぜていった。
　こういった活動では、トップダウンで進める場合も、ボトムアップで進める場合も、トップダウン、ボトムアップを相互に織りまぜながら進めることにより、活動を定着させることができると考える。
　図表6-4に、富士通が調査している組込みソフトウェア開発部門におけるツール適用率(ソフトウェア規模全体の中のツールを適用した規模割合)の推移を示す。
　この図が示す1997年度までの適用率の上昇は、先に述べたコード分析サービスによる利用推進の効果が現れたことを示している。ただし、**図表6-4**を見てわかるように、適用率は常に右肩あがりであった訳でなく、適用率が低下し

図表6-4　ツール適用率推移

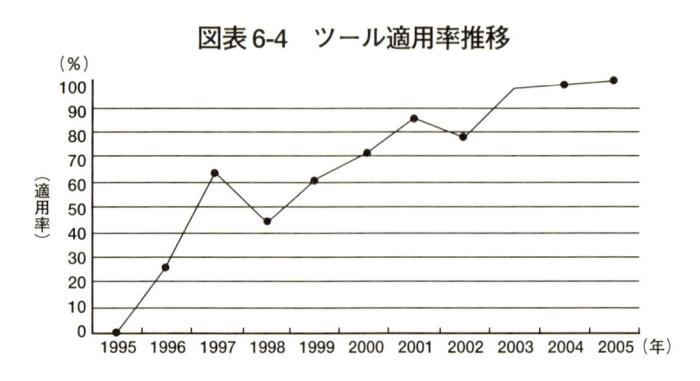

た時期もあった。以下にその原因と講じた対策について紹介する。

(1) ツール機能の不十分さによる適用率の低下（1998年度）

　分析サービスの効果によりツールの利用が進んだ。が、いざ開発者がツールを利用してみると、大量の指摘がなされた。指摘された箇所を部分的に見ても障害が見つかる訳でもない。そのため、利用効果が感じられず、利用しなくなってしまっていたという状況になっていた。

　これは、障害の危険を示す指摘と再利用性を高めるための指摘が混在し、再利用性を高めるための指摘が大量発生していたためであった。再利用性を高める指摘については、再利用環境に応じたコーディングルールを作成し、ルールに従ってコーディングをしておかないと大量の指摘が出てしまう性質をもっている。ツールを最初に利用する開発者は、まず自分の所持しているソースコードを解析して、ツールの有効性をチェックしようとしていた。そのため、何の考慮もなくコーディングしたソースコードを解析することになり、大量の指摘に悩まされる事態になっていたのである。

　ルールに従ったコーディングをしていない場合は、障害の危険箇所を指摘する指摘グループを抽出できる仕組みにしていたが、利用者はマニュアルを熟読してから利用することがなかった。そのため、障害の危険箇所に対する指摘は、再利用性を高めるための指摘に埋没してしまっていた。その結果、ツールの有効性は理解してもらえず、ツールの利用が衰退してしまったのである。そこで、ツールをデフォルト状態で実行させた場合、障害の危険箇所のみを指摘

するように、ツール機能を変更した。その結果、1999年から、再び適用率が向上していった。

(2) オープンソースの利用拡大による適用率の低下（2002年度）

利用者へのヒアリングの結果、膨大な流用ソースを開発部門が解析できない状況が発生していたことがわかった。そこで、今まで実施していた分析サービスの作業内容を見直した。ツールの有効性を認識させるためのサービスから、開発部門の作業軽減を狙ったアウトソーシング的なサービスへと転換を図っていったのである。分析サービスの実施者も、従来はツール開発者が兼任していたが、2002年度からは、分析サービスの専任者を配置した。本対応により、再び適用率が上昇し、2003年度には、その適用率は97%と、100%に近い状態となった。

利用推進活動の成功の大きな要因を以下に示す。
- 有効性がすぐに実感できるツールの提供
- 開発者を支援する分析サービスの提供

6.2.6　ツールの利用拡大と利用者満足度

組込みソフトウェア開発用の言語として、C言語だけでなくC++言語も使用されるようになった。そのため、C++言語用の静的解析ツールの開発も行った。解析対象言語種を増やしたことにより、組込みソフトウェアだけでなく、アプリケーションやミドルウェアといった一般のソフトウェア設計部門にまで本ツールの利用が拡大していった。

1999年における利用申請部門の数は200部署に満たない状況であったが、C++言語用をリリースしてからは500部署以上からの利用の申請が行われている。

図表6-5に、1998年より実施しているツールの満足度調査の結果を示す。

1998年度から2002年度にかけては、やや満足以上の満足する人の割合は増加している。しかし2003年度は、満足する人の割合が急減し、普通の人の割

図表6-5 ツール満足度推移

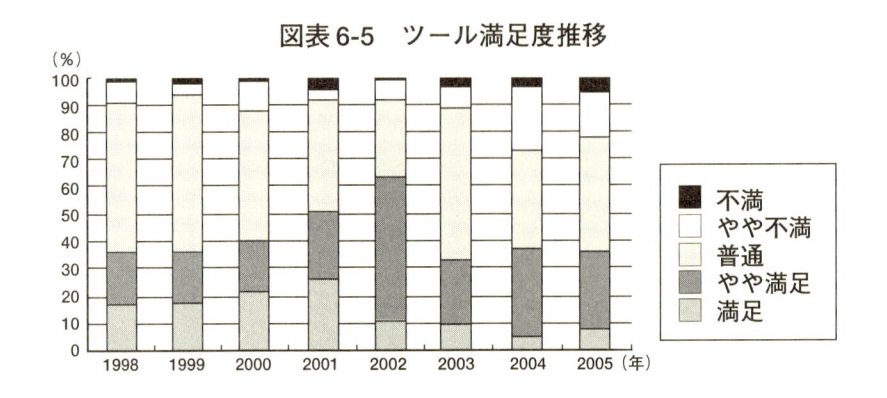

（凡例：不満／やや不満／普通／やや満足／満足）

合が急増した。満足な人の割合が減っているのは、ツールがある程度行き渡り、ツール機能があたり前化してしまったためだと推測している。

また、2004年度の調査では、やや不満者が増加している。不満な人の割合が増加している状況については、ツールの利用効果が認知され、品質部門が強制的に利用を進めるケースが出てきていることが要因の1つではないかと考えている。利用の定着化には、ある程度のルールによる縛りも必要ではあるが、ツール利用の動機づけのための活動を並行して行う必要がある。

6.2.7 現在の活動

本活動により、静的解析ツールを使わない状態から、あたり前に使う状態へと変化させることができた。これは、障害をより早い段階で抽出することの大切さを、ソフトウェア開発者に気づかせるものであった。また、ソフトウェア開発の意識改善にも寄与したものと考える。ただし、ツール利用方法については更なる改善が必要であると考えている。

再利用性に関する指摘を利用する場合、対象としているソースコードが、どういった環境に移植される可能性があるのか、どういった開発者によって変更される可能性があるのか、といったプロジェクトの特性を考慮したコーディング規約を定めることが前提となっている。しかし、現状の開発現場では、プロジェクトごとの特性を考慮したコーディング規約を定める仕組みにはなっていない。

そこで、プロジェクトの特性に応じたコーディング規約を作成しやすくするためのコーディングガイドを用意した。本ガイドにより、プロジェクト特性に応じたコーディング規約の作成が容易になり、再利用性を含めた総合的なソースコード品質向上が促進されることを期待している。

経済産業省がIPA/SECとともに活動している組込みソフトウェア開発力強化推進委員会の中の組込みソフトウェア実装品質技術部会では、2004年度より組込みソフトウェアの実装品質向上のための施策として、組込みソフトウェア開発者向けのコーディング作法ガイドの検討を進め、2006年6月にIPA/SECより書籍として出版している(http://sec.ipa.go.jp/publish/years/2006/pub2.php#coding)。富士通のコーディングガイドについても、IPA/SECの作法ガイドの内容を吸収し、より広範囲をカバーする内容に充実化させている。

この他、2006年度より、ソースコード品質の見える化活動に着手している。「ソースコード品質見える化活動」では、PGReliefを使って、どれだけ問題箇所の改善を行っているかを相対比較できるグラフを作成し、自プロジェクトの状態を把握できるようにしている。見える化では、ソース規模や複雑度といったソフトウェアメトリクスの計測も行っている。PGReliefが指摘するワーニング(警告)については、信頼性、保守性、移植性、効率性といった観点でカテゴライズ(分類)し、どのような品質を劣化させるワーニングが多いか少ないかを比較できるようにしている。

図表6-6に、保守性に関するワーニング量を相対評価するためのグラフを示す。

保守性ワーニング度数とは、保守性を劣化させるおそれのあるワーニングの多さを数値化したものである。ここでは、その度数ごとのプロジェクトの分布をグラフ化したものを示す。保守性ワーニング度数が少ないほど、保守性を劣化させるおそれのあるワーニングの数が少ないことを示している。

グラフでは、A部門とB部門という2つの部門の、合計35個のプロジェクトの、保守性ワーニングの残存状況を表している。各部門の保守性ワーニング度数の平均は、0.39と0.37でA部門の方が若干よい値を示しているが、度数分布状況を見ると、B部門のわずかなプロジェクトが、平均を下げているだけ

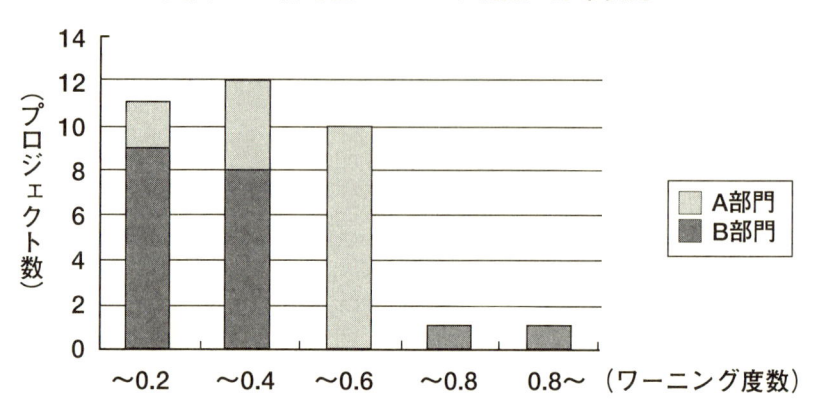

図表6-6　保守性ワーニング度数の分布状況

で、全体状況を見ると、B部門の方が保守性ワーニングの少ないコードを作成している。

A部門については、全体的にソースコード品質向上活動を推進する必要があるが、B部門については、特定プロジェクトについてアプローチすればよいことがわかる。

図表6-7では、オープンに公開されているオープンソース(OSS)との比較を表している。

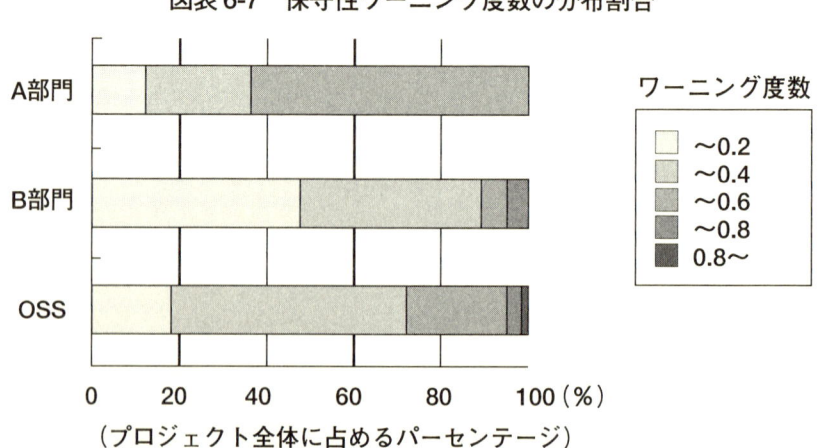

図表6-7　保守性ワーニング度数の分布割合

この図から、B 部門は OSS に比べても比較的、保守性に気をつけたコードを作成していることがわかる。A 部門については、非常に悪いコードはないものの、全体的に OSS よりも若干悪い傾向が見える。

　このように、全体状況と自プロジェクトの状況が見えるようになるため、プロジェクトの改善意識が高まることを期待している。

　現在は、ある特定部門の解析のみを行っているが、今後は、他部門へ展開し、さらに、時間の推移とともに品質劣化がないような監視の仕組みを検討している。

ノウハウ活用術と品質の作り込み

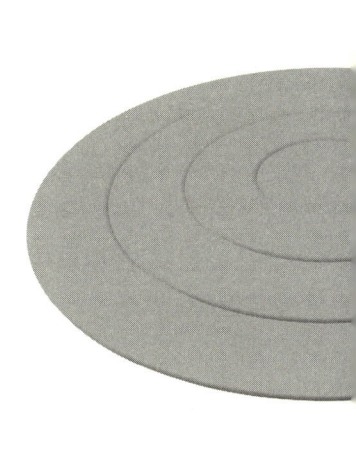

第7章

これまで日本の製造業を支えてきたベテラン技術者の大量退職、若手技術者の新規採用難など、ものづくり現場がおかれた環境はますます厳しいものとなってきている。このような環境の中で、「ベテラン技術者のもつノウハウを退職前に確実に伝承したい」、「経験の少ない若手技術者でも質の高い仕事ができるようにしたい」、「個々人の能力向上に加え、組織としてノウハウを活用できる環境を整えたい」など、切実な課題が多く発生している。これらの課題に対して、ITシステムを活用することで自社のものづくり力を高めていこうという試みが行われつつある。

本章では、先駆的に実践している先進企業での実施事例を中心に、いくつかの取り組み事例を紹介していくことにする。

7.1　ITシステムから見た4階層ナレッジ

「ナレッジ」（知識）と一言でいっても、実は中身によって活用の仕方、目的などが大きく異なっている。**図表7-1**は企業内に散在するデータ、情報に対してITの視点から4つの階層でナレッジを分類したものである。情報検索を中心とした情報系ナレッジ、時系列的要素を加えたプロセス系ナレッジ、DRチェックなどの検証系ナレッジ、CADと連動させた自動化ナレッジの4つに大別される。

7.2　ナレッジ活用の実践例

7.2.1　自動設計によるナレッジ活用

設計者は常に限られた時間の中で高品質設計、短納期設計とコスト削減の両立を求められている。近年ではこれらに加え付加価値設計、差別化の要求も加わり、設計者の負荷が非常に高まってきている。

先進企業の中では、CADシステムを単なる製図、モデリングの道具としてではなく、設計者の負荷軽減策の一環として設計上の規約やルールを組み込んだ自動設計システムとして活用し始めている。形状生成されるルールの中に、

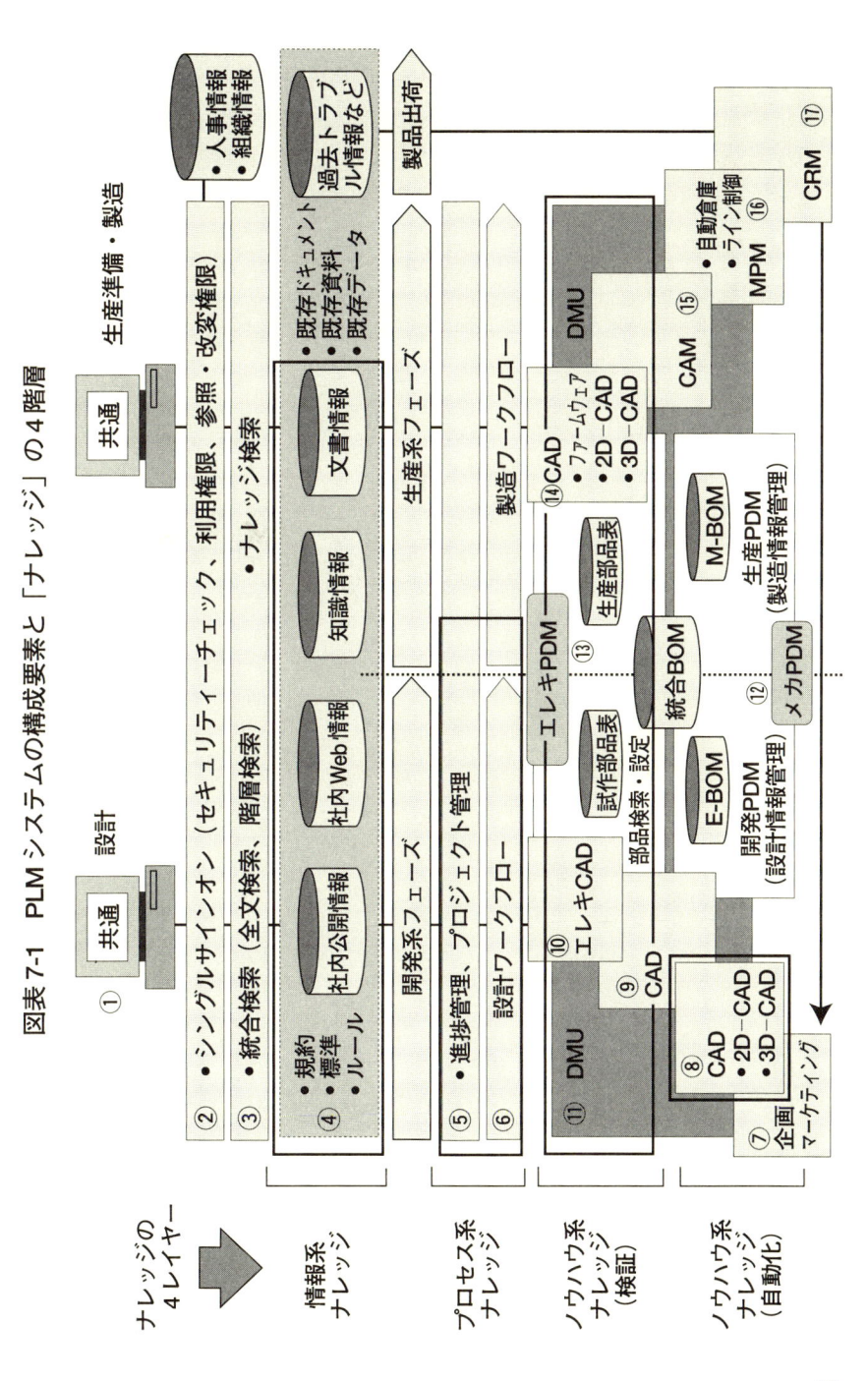

第7章 ノウハウ活用術と品質の作り込み

図表 7-1　PLMシステムの構成要素と「ナレッジ」の4階層

141

あらかじめ遵守すべき検証項目を盛り込んでおく。それにより、設計後の検証作業が不要になるだけでなく、品質条件も保たれ、誰が設計しても均質の設計が可能になってくる。

この自動設計には、多くの実践例があげられるが、ここでは代表的な例として次の2例について説明する。

(1) EXCELなどの表計算ソフトと連動させてCADで自動設計

設計ルールや設計の制約条件、設計手順など、ベテラン設計者のノウハウをプログラムに組み込み、寸法違いやパターンが違う部品を自動設計する。

従来は、CADにプログラムを組み込むこと自体、専門のソフト開発者に依頼する必要があり非常にハードルも高かったが、現在ではミッドレンジ3次元CADなどを用いることにより設計者が日頃慣れ親しんでいるEXCELなどから直接3次元モデルを作成することも可能になっている（**図表7-2参照**）。EXCEL上の構文を変更するだけで設計ルールを簡単に変えることができるので、繰り返し設計などでは省力化に大きく貢献できる。

(2) 一連の業務処理をCADやDMUに組み込んで自動検証

本例は、電気・精密機器メーカーで実施している事例である。分担設計されたユニットをアセンブリ状態に組みあげる際、DRによるチェック項目は飛躍的に増えるのが一般的である。動的な干渉チェック、許容隙間チェック、発熱や過電流等の安全品質上からの部品配置チェックなど多岐にわたって時間をかけて検証するのが一般的である。さらに通常のDRでは、設計だけでなく品質保証部門、生産技術、製造部門など各部門の精鋭が集まり、密度の濃い時間を費やすことになる。これら一連の処理をITシステムを活用して自動化できないものか、検証系ナレッジとして実際に運用されている先駆的な取り組み事例を紹介する。

(3) 一括自動ルールチェックシステム

本システムは、設計チェックすべき複数の検証項目をあらかじめDMUに組

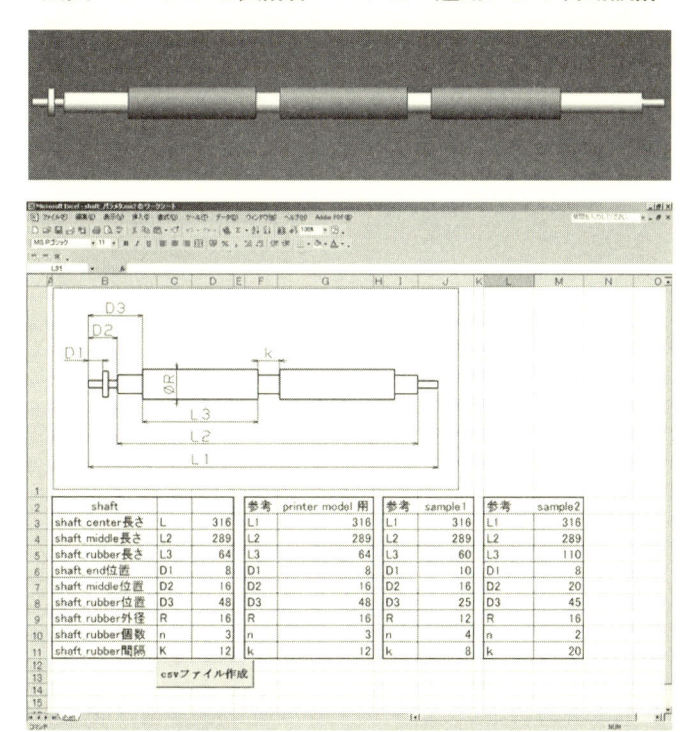

図表7-2　CADと表計算ソフトとの連動による自動設計

み込み、DMU内で3次元データを活用して自動DRチェックを実施してしまうものである（**図表7-3**参照）。本システムでは、以下のような検証項目が対象となっており、よくありがちな問題からベテランの指摘事項まで、数多くの検証を網羅している。

① ユニット間の干渉チェック、穴位置一致確認など
② 組立作業時のリスク回避策（ネジ落下によるプリント板ショートなど）
③ 高電圧部品の指定距離内にケーブル類が接近してないか（発火性）
④ 電磁場影響回避を考慮したハーネスルートチェック

本例では、人手によるDRチェックを軽減するだけでなく、大幅な工数削減と品質向上を両立させることに成功している。

一般にDMUツールは、単体システムとして利用されることが多いが、本例

図表7-3 DMUに複数の検証項目を組み込むことにより自動DRチェック

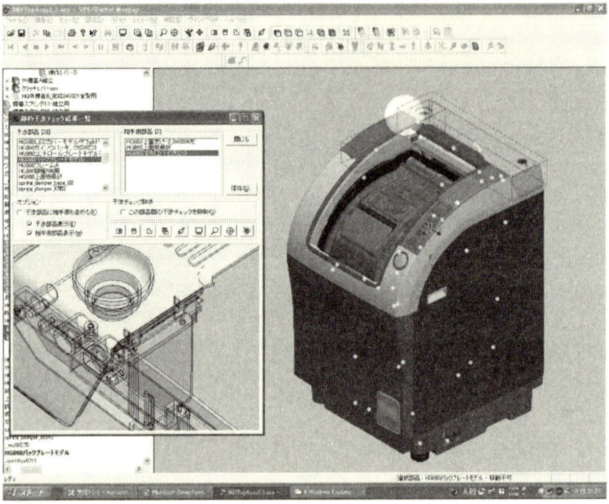

(出典) 三洋電機株式会社

のように、ユーザー側の独自ノウハウをDMUの中に組み込める形を実現したものは、まだ世界的に見て数少ない。日本のものづくりの強みを活かし、自社の競争力を強化するために、このような取り組みは今後ますます盛んになっていくことが容易に想像できる。

7.2.2　設計ナビゲーション活用による整流化

　本例では、建機メーカーにおいて実施しているプロセス系ナレッジの適用例を紹介する。プロセス系ナレッジの特徴は時系列的に変化する情報をいかにうまくマネジメントできるかにある。マネジメントが主眼なので優秀なリーダーが適宜情報収集しながら的確な判断を下せれば特にITシステムを活用する必要はない。しかし実際は優秀なリーダーは複数プロジェクトを並行して管理しているため、時間的な余裕がないのが一般的である。ましてやどこかで一度問題が発生しようものなら解決のためにほとんどの時間を割くことになり、他のプロジェクトの管理どころではなくなってしまう。

　プロセス系ナレッジの活用目的としては、以下のような状況が背景にある。

① 案件ごとのプロジェクト進捗管理が、リーダーの個人能力依存になっている。
② 現場の状況を正しく見極めながら、早めに受注配分、調整などをかけられるようにしたい。
③ 大工程、中工程ごとに、常に全体を見渡せる状況把握ができるようにしたい。

ここではプロジェクト管理にナレッジ適用することで、「プロジェクト進捗状況の見える化」を実現した例を紹介する。図表7-4は複数同時進行している各種の設計開発プロジェクトの進捗状況を表したものである。気になるプロジェクトの進捗状況が管理者のレベルに応じて大工程、中工程、小工程ごとに一覧表示することが可能である。「どのプロジェクトに遅れが発生しているのか」「誰の工程で滞っているのか」「現場で何か問題発生しているのか」が、常に最新の状況で確認できる。それによって早期に問題解決を図り、対処していくことが可能になる。

ここで活用される内容は次のとおりである。

a) **実績日程表管理**：担当者はその日の個人の実績情報だけをシンプル投入。個人の所属するプロジェクト単位で進捗の予実管理が可能になる。
b) **工程別管理**：プロジェクトの中が複数の工程で構成される場合、各工程ごとの進捗状況が表示ビューを切り換えるだけで簡単に把握できる。
c) **課題、問題管理**：遅延のあったプロジェクト、工程には、それぞれ赤いシグナルが表示されるので、どこに問題があるかが一目瞭然となる。
d) **担当者別管理**：プロジェクト単位の視点だけでなく、担当者別にかかわる仕事の状況をとらえることが可能である。これらの情報から担当者間の負荷バランスを事前に調整したり、全体を見渡して偏った計画に陥らないようにすることが可能となる。

これらの内容は、開発担当役員レベル、事業部長レベル、設計部長レベル、課長レベル、リーダーレベルなど、職責により課題としてとらえる重要性も異なる。したがって次のアクションが一律の対処法となるケースは稀である。要は現場で起きている事実を早期に「見える化」し、手遅れになる前に最善の手

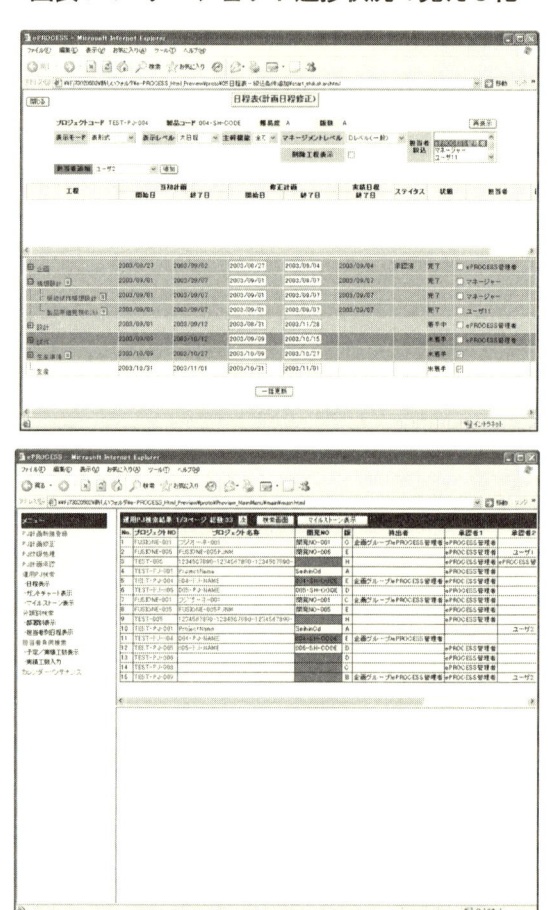

図表7-4 プロジェクト進捗状況の見える化

を打てる環境を作ることが重要なのである。ITシステムはその一助として活用することが求められる。

このようなプロセス系ナレッジを活用することにより、品質向上とコスト削減の観点からは、以下のような適用効果が得られる。

① 従来、状況把握のたびに担当者にヒアリングしてとりまとめていたが、聞く手間も聞かれる手間も少なくなり、大幅にムダな時間が減った。

② 全体の進捗状況と担当者の進捗対比がビジュアルにわかるので、現場で起きている課題に対して早く手を打つことが可能になった。

7.2.3 過去のトラブル活用による品質向上

本例は、金型成形メーカーにおいて全社的にノウハウ活用を図れるようにするために、ポータルシステムとして「過去トラブル活用ナレッジシステム」を構築した例である。

システム構築前の課題として、経営トップから次のような項目が期待としてあげられていた。
① 熟練工のノウハウを残せる形にして若手が活用できるようにしたい。
② 匠の世界である金型業界では、個人商店型の仕事の進め方に陥りがち。組織対応型へ変革したい。
③ IT 構築により、事務工数削減、設計開発工数削減、自責設計変更費用の削減を図る。

従来個人スキルに依存していた設計品質をいかに全社的に高めるか、これは2007年問題を契機に会社として危機感をもって対処すべき大きな課題であった。しかしながらITシステムの活用はあくまでも手段である。まずは、自社内で保有する情報の整理、整流化を含め、業務全体のあるべき姿を描き直すことからスタートした。

商品開発、製品設計、生産技術、金型、営業、生産などの各部門より改革推進リーダーを選出し、全社的業務改革プロジェクトとして横断的な業務改革を推進していくことにした。

各部門からの意見をまとめていくにともない、部門間における連携の課題が顕在化してきた。特にコミュニケーションロスにともなう機会損失などを定量的に把握し、抜本的な開発プロセス評価と計画立案につなげる必要性が見えてきた。その結果として各部門間の情報共有と活用を狙いとした「ものづくりナレッジマネジメントシステム」を構築することにした。

(1) ベテラン技術者のノウハウ蓄積

　プラスチック部品は金型設計製造、部品成形、部品組立などの工程を経て作られる。また、それぞれの段階において高度なノウハウが求められる。特に金型の設計は重要なキーポイントになる。

　プラスチック部品は金型のキャビティ内に加熱した樹脂材料を射出して成形するが、冷えて固まる際にわずかに収縮し、金型の寸法とズレが生じる。そのため、このズレをあらかじめ予期して金型を設計しなければならない。また、樹脂材料を金型内に射出するゲートの位置も重要で、位置が適切でないと樹脂材料が全面にいきわたらず不良品となってしまう。こうした一連のノウハウは、設計者自身に帰属した属人的な知識が中心で、ベテラン技術者ほどこのようなナレッジを豊富にもっている。これらのノウハウを社内で蓄積し共有・活用できれば、たとえ設計担当者が変わったとしても過去のノウハウや不具合点をきちんと把握・認識して設計することが可能になる。その結果、全社的な設計品質の向上、部品設計・製造の効率化とスピード化を図れるようになる。このような目的から構築したのが「ものづくりナレッジマネジメントシステム」である。

(2) Design Portal による技術情報のナレッジ化

　当初から技術情報データベースを核とした高品質ナレッジマネジメント環境の構築を目的に、その基盤となるシステム構築をめざして着手した（**図表 7-5** 参照）。

　"設計者が扱う製品情報や設計情報を一元的にバーチャル管理し、製品開発プロセスにおけるすべてのデータを有効活用する"、これが Design Portal を基盤システムに選定した大きな理由である。

　導入にあたって最も心がけたのは、設計者に負担をかけずに情報を入力し、誰もが素早く検索・引き出して活用できる仕組みの実現である。例えば文書登録の際、通常ならその部品の関連情報を多数入力する必要がある。それをプロジェクトごとに部品マスターを作成し、関連情報を登録しておくことで、実際の文書登録時の定型部分を簡略化して、ユーザーの負担を減らすことができ

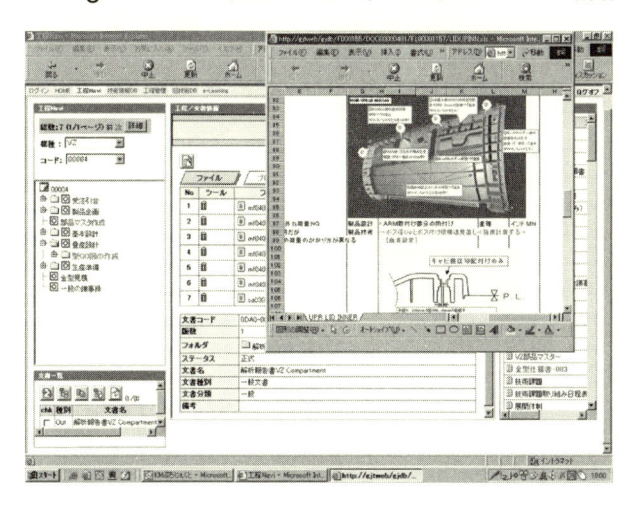

第 7 章　ノウハウ活用術と品質の作り込み

図表 7-5　Design Portal を利用して作成した部品マスター情報システム

た。また関連情報の中に「部品カテゴリーの概念」を取り込んだ。これにより、類似品を設計・生産準備する際には、部品カテゴリー情報キーワードにすることで、部品名称が違っても類似品の情報を引き出すことが可能となった。

　定量効果の目標値は、設計者の設計開発工数・事務工数の 30％削減、自責設計変更費用の削減 50％と大きな効果を想定している。また、システム活用の定性的効果として、次のような適用効果も狙っている。

a)　全社の過去トラブルの共有化。
b)　設計ナビゲーションによる関連文書の定型化、簡略化。
c)　経験の浅い設計者でも必要な技術情報を捜し出すことが可能で、より高い品質のレベルで成果に結びつけることができている。
d)　技術レベルに個人差があるが、設計手順や必要ドキュメントなどのルールが標準化されたため、フォローアップが可能になり、均一化できている。

7.2.4　全社情報活用による QCD 向上

　本例は、輸送機器メーカーにおいて全社的な開発情報管理システムを構築した事例である。短期間で製品ラインアップを広げられる製品開発の環境を整えるべく、設計開発の基幹となるインフラ構築に取り組んでいる。大きな狙いは

品質とコストの作り込みを前倒しするとともに、生産効率を高めて幅広い製品群を開発することにある。製品はアジア、中南米など海外を中心に拡大しており、世界中のユーザーの多様な好みに対応できる幅広い製品開発が求められている。

開発の基幹システムとして、製品情報を一元的に管理・活用できる仕組みを整え、国内外の開発・製造拠点、サプライヤーを含めたコンカレント開発を促進していく必要がある。

全体は図表7-6に示すように、5つのサブシステムから構成される。本例では、この中のナレッジシステムについてご紹介する。

(1) ナレッジシステム

社内の設計標準や技術報告書、チェックシート、部品表など、過去に蓄積されたさまざまな知識情報に「ナレッジポータル」から一元的にアクセスできるようにしたものである。従来、情報は蓄積されてはいるものの、活用面から見ると眠ったままの可能性が強い貴重な情報も多かった。これら従来使っていなかった情報をしっかりと使えるようにしていくシステムが「ナレッジシステム」である。

ナレッジシステムには次のような機能を実装している。

① 複数データベースの横断的な全文検索(Web情報、Lotus/Notes、Officeなど)
② ナレッジマップ(業務、製品、部品など、カテゴリーごとにさまざまな切り口で分類)
③ 情報閲覧時のアクセスコントロール

ここでのポイントはユーザーごとの細かなアクセス制御やセキュリティー管理といった運用面が重要で、検索対象とするデータの範囲や見つけ出す情報の表示について利用者の権限を加味して処理をする点にある。

日本の設計者から海外のゲストエンジニア、派遣社員までさまざまなユーザーがアクセスする可能性がある。職制やその人の権限に応じてデータとして見えてはいけないものは見せない。そのためには全文検索しても検索に引っかか

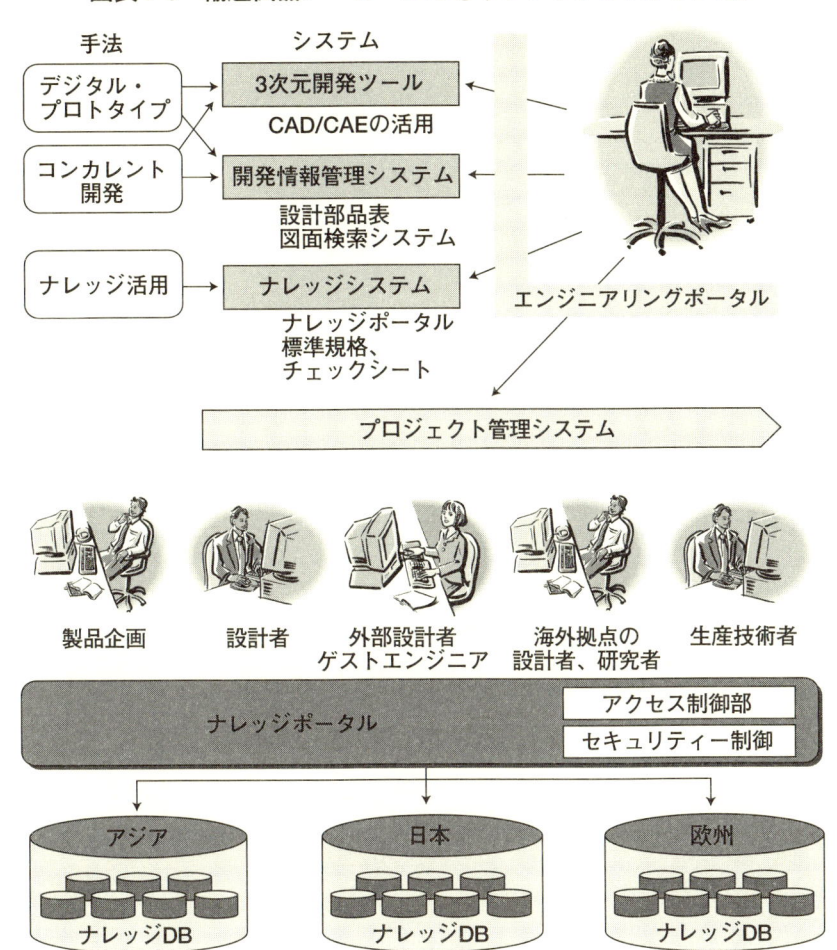

第7章 ノウハウ活用術と品質の作り込み

図表7-6 輸送機器メーカーがめざすナレッジシステムの姿

手法
- デジタル・プロトタイプ
- コンカレント開発
- ナレッジ活用

システム
- 3次元開発ツール（CAD/CAEの活用）
- 開発情報管理システム（設計部品表、図面検索システム）
- ナレッジシステム（ナレッジポータル、標準規格、チェックシート）

エンジニアリングポータル

プロジェクト管理システム

利用者：製品企画／設計者／外部設計者 ゲストエンジニア／海外拠点の設計者、研究者／生産技術者

ナレッジポータル（アクセス制御部／セキュリティー制御）

ナレッジDB：アジア／日本／欧州

らないようにしなければならない。また、同じプロパー社員で権限が高いからといって、別プロジェクトの情報が見えてしまうのもコンプライアンス上好ましいことではない。

　ナレッジシステムでは権限を所属や肩書、プロジェクト単位で管理している。つまり、管理者が該当する人の職責に応じて、細かく設定することで、このことを実現している。

7.3 課題管理と標準化推進

ナレッジ活用と対局で推進しなくてはいけないのが「設計の標準化」である。

量産設計品か受注生産品かによって設計環境や条件は大きく変化する。しかし「設計手法の標準化」という視点から見れば、どちらも重要な取り組みテーマとなる。ここでは設計ミスや製造ミスを事前回避するための品質面からのしかけとして構築した「課題管理システム」の例と本来の設計標準化を推進することで品質面と生産性向上面で効果をあげた適用事例2点について紹介する。

7.3.1 課題・クレーム情報管理システム

多くのナレッジシステムが、過去の蓄積情報から検索・参照する形態を中心としたものであるのに対して、本システムの狙いは「実際に起きた失敗知識を積極的に活用して失敗の事前回避や損失提言の行動に結びつける」ことにある。

具体的には過去の失敗経験、クレーム、対応措置情報を PDM で管理される設計変更情報や部品表情報と連携させることにより、不必要なトラブルの発生を未然に防止しよう、というものである。

【狙い】
- 情報連動により、未然防止効果として25％の効率向上を図る
- 過去問題を活用することで、初心者を中堅レベルに引きあげる
- 問題点の解決状況に応じて次工程着手を判断
- 問題傾向を分析し、打つ手を決める

【失敗情報の蓄積】

失敗にはさまざまな関係者の利害が絡むため、発生した事象の本質が隠蔽される傾向にある。また、多くの企業において政治的、人事的な理由で自責はされない。そのため、肝心な部分が情報として残されないままになっている例が少なくない。

しかし失敗事例には、組織共有することで貴重なノウハウの源泉となるものがある。本システムの構築では、IT化視点で次のようなポイントに着目した。

【失敗事例の登録】

① 本人にとっては軽微であっても、初心者には貴重なノウハウとなるケース(スキルの底上げ)
→問題解決の対応者が自分でも失敗事例として登録する(隠さない)。
② 相互の情報が不足すると発見者と対応者のやりとりが増える(対応遅れ)
→登録時には、発見した内容／工程／再現手順を明記する。
③ 情報の二重登録の回避、入力工数のムダ削減
→類似問題の有無を確認し、二重登録しないしかけ作り、類似検索をしないと新規登録ができないしかけ作りを行う。

【未解決の問題点を活用】

① 対応予定を明確にすることでリスクを軽減する
→製品別の残問題を集計し、次工程着手の判断に利用する。
② 会議資料をその都度作成するのはムダ。最新状況を一発で取得
→残問題一覧を対策会議資料として利用する。
③ 発生した局所的な問題も是正が必要
→他製品への水平展開の判断材料として利用する。

これらの一連の流れを、**図表 7-7**(画面遷移例)のように実現している。

【過去の問題点を活用】

有名なハインリッヒの法則によると、1件の重大災害の裏には29件のかすり傷程度の軽災害がある。さらにその裏にはケガまではでないが300件のヒヤリ体験がある。失敗も同様である。新聞に載るような大きな失敗があれば、その裏には必ず軽度のクレームが29件存在し、その裏には従業員が「まずい」と認識した潜在的な失敗が300件程度はあるはずだ。

ここで重要なのは、失敗や問題は放っておくと悪い方向に成長する、という特性である。「まずい」と思ったときに何らかの防止策をタイムリーに打つことができれば、大事に至る前に失敗の成長は止められる。

IT化のポイントは隠れた問題をいかに表面化させるか、である。それには、さまざまな視点、角度からの問題分析が重要である。これらの対応により、本例では次のような効果が得られている(**図表 7-8** 参照)。

図表 7-7　課題クレーム情報管理システムの画面各種

■ 問題解決までの状況を記録します（蓄積）　　■ 過去の問題をさまざまな条件で検索します（再利用）

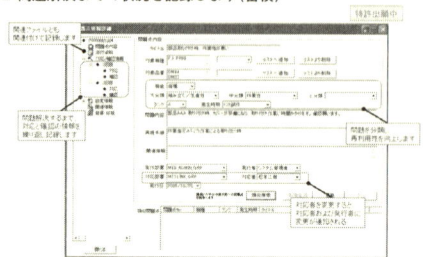

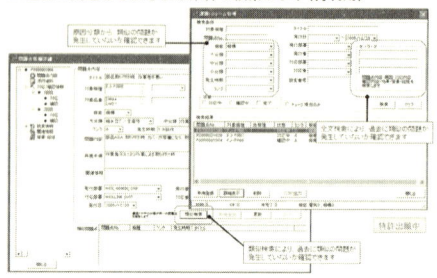

■ 問題点を設計変更と関連づけて表示します（トレーサビリティ）

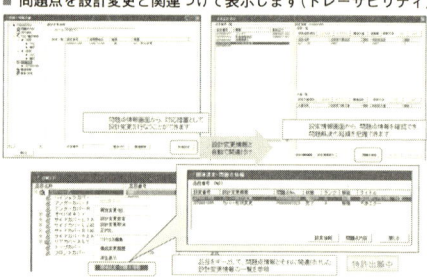

図表 7-8　隠れた問題の表面化による効果

問題の減少（一製品あたりの平均値）

	量産前	量産以降
導入前	235件	2.5件
導入後	221件	1.1件
改善率	↑6%	↑56%

- 製品の難易度があがっており、実質効果は10%

初心者の中堅化が進んだ

	量産前
導入前	32件
導入後	27件
改善率	↑15%

※左記は入社1年未満の平均値
　（量産以降はデータなし）
※対象人員は導入前：11名、
　導入後：10名

　ITシステムはしょせん道具（ツール）である。うまくツールを活用するためには人間関係・運用面での以下のようなポイントも重要である。

①　会社（組織）より個人のために人は動く
　　→問題発見数の多い社員を表彰（報酬）せよ（登録推進）

② 既存の仕組みに適用し、段階的に拡大
　→既存問題点の活用はチェックシートから（なれれば普通）
③ 初心者は業務を知らない
　→利用促進は初心者から（普通と思わせる）

7.3.2　標準図の再整理によるコストダウン

　企業規模にもよるが、企業内で管理される「標準部品」の管理、維持コストは意外と大きいものである。中には1,000点の標準部品削減により、管理コストで年間19億円のコストカットに直結した実例もある。

　どの企業にとっても、部品の標準化はコスト削減に直結する最有力手段である。しかし現実には、設計者は過去の類似品を探すよりも新規に設計してしまった方が早い。そのため、似て非なる設計を次から次へと行ってしまうことになる。一人隔てた設計者が結果的に同じ部品を設計していたなどと、笑い話にもならない事実もある。

　多くの企業では、図面管理課・技術管理課のような標準化推進部門によって、重複設計を回避するための検図チェック体制を構築していると思われる。しかし、現実問題として、過去の膨大な図面群を対象にした管理では、「これ以上増やさない」ことで精一杯である。「減らすための整理統合」には1枚1枚の図面チェックが必要だが、その作業は、非現実的で人間業ではない。そのため、やむを得ずあきらめてしまっているケースも多いと思われる。

　ここで紹介する事例は、従来は無理と思われていた金型の標準図の整理統合に際し、最新のIT技術「図面の類似検索技術」を適用することで過去の膨大な図面群から標準形を精査することに成功し、年間2億5,000万円のコストダウンに直結させた例である。

　「図面の類似検索技術」の構築システムの全体イメージは**図表7-9**のようなものである。

【核となるIT技術、図面形状の類似検索処理：VisualSearch】
　本技術は、CADデータから変換されたTIFFやBMPなどの2値画像データをもとに各々の画像がもつ特徴量をパラメータ化することで、類似性のある画

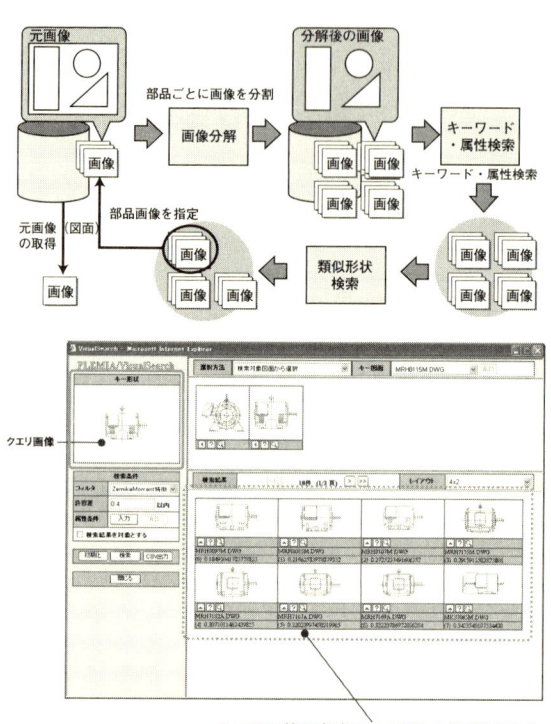

図表7-9 図面の類似検索技術の全体イメージ

クエリ画像に類似した形状の画像が検出

像データを抽出するアルゴリズムをソフトウェアとして確立したものである。

　該当する図面の抽出は、図面番号や部品名称などのテキスト情報としてある程度絞り込む。さらに第2ステップとして、1,000～2,000点程度の対象図面の中から目的とする図面を「形状」をキーに探し出す。ここでのポイントは類似度を保った検索のレスポンス時間である。16面の抽出におよそ1秒程度の高速レスポンスで表示できるのである。それが、思考を妨げずに試行錯誤を可能にする重要なポイントとなる。

　類似度抽出された結果から、さらに形状度合いをビジュアルに確認しながら次々と近いものを指示していくことが可能だ。GUIの面からも人間の視認性を加味した絞り込みが可能となっている。

抽出された画像には元図面のオリジナルや部品番号、図面名などが属性として付与されている。したがって、その場で元図面をビューアーで表示させたり、詳細図面情報を CSV ファイルとして出力したりすることが可能である。絞り込みリストを表形式出力することで、別途標準化策の作戦立案の対策資料としての活用も可能としている。1回限りの対応でなく、業務の中で定常的に繰り返し活用することで、継続的に活用利用を図り得るようにしているのが重要なポイントである。

【板金金型図面の標準化推進に適用】

本例では、VisualSearch を板金金型図面の標準化推進に適用している。現在の適用部門は、図面の標準化推進を担務する「技術管理課」で、全体の運用フローは、図表 7-10 のように実施している。

【フィードバック内容】

① 若干、穴位置だけの違う金型がすでにある。これが使えないか？
② ほとんど一緒で穴径だけ異なる図面がすでにある。これが使えないか？

現在は技術管理課内での運用であるが、近々に設計者へもオープンにし、設計者自身に類似検索を実施させる予定である。これにより、「探すよりも新規に書いた方が早い」という長年の非常識にメスを入れ、大きな改革に結びつけていく計画である。

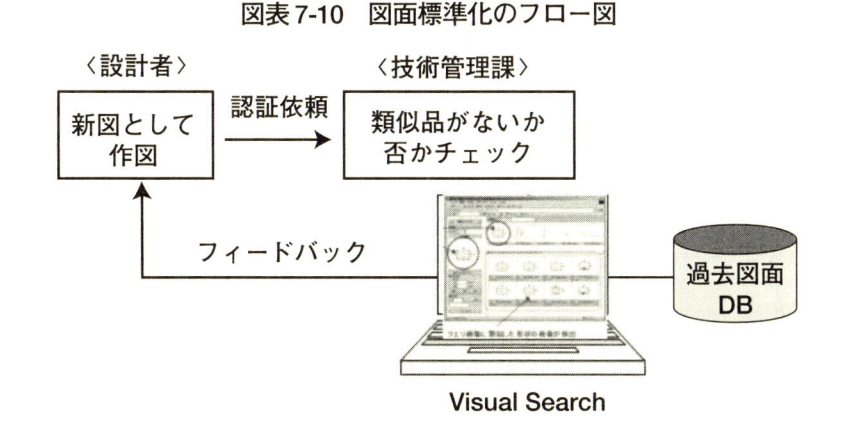

図表 7-10　図面標準化のフロー図

〈設計者〉　　　　　　　　〈技術管理課〉
新図として作図 →認証依頼→ 類似品がないか否かチェック
← フィードバック ←
Visual Search → 過去図面 DB

7.3.3 標準仕様選択による営業支援

受注生産品やカスタマイズ仕様を含む製品受注の場合、多くは受注段階での営業活動が他社との差別化のカギとなる。競争他社を押し退けて自社製品の優位性を保つには、受注フェーズでのナレッジ活用が必要になる。

本例は半導体製造装置メーカーにおいて、業務改革の柱として受注段階から効率的な設計環境に結びつくシステム構築をめざしたものである。

(1) 抱えていた課題

＜経営者にとって＞
① 受注から出荷までのリードタイムが他社よりも長い
② シリーズ開発に手が回らず、新製品がなかなか出ていない
③ 納期回答や見積算出のスピードが他社よりも遅く、精度も悪い
④ 受注時には利益が出ると計画していたのに、最終的には儲かっていない

＜設計現場の課題＞
① 引き合いから仕様打合せに、逐一設計が出向いている
② 営業が客先で仕様を決めてこられない
③ 過去図面の検索に時間がかかり、流用率があがらない。都度の図面作成、物対応で毎日深夜残業になる
④ 仕様変更、短納期、出図遅れで特急手配が頻繁に発生する

＜生産現場の課題＞
① 部品表作成などの生産手配や調達手配に管理工数が多く費やされている
② この結果、納期のサバ読み、飛び込み対応の常態化にし、生産計画が実質的に崩壊している

(2) 業務改革の視点

多品種少量生産をスムーズに行うために「モジュール化技法」を適用し、次に掲げるような適用効果を目標に設定した。

① 設計工数の削減：30％
② リードタイムの短縮：50％

③ 製造工数の削減：5%
④ 1人当たりの売上高向上：30%

　ここで取り組んだのは、4つの標準化と仕様選択のIT化である。重要なポイントは、従来、カスタマイズ仕様としてバラバラに受注設計していたものを「モジュール」という概念を取り入れることによって、設計仕様の70%近くを標準仕様で対応可能にすることにある。これにより、手配部品表まで誤りなく自動生成してしまうことになる。

(3) 4つの標準化
① 仕様の標準化
- 用途、仕向け先別提案モデルの整備、仕様バリエーションの整備、機種・型式の整備、仕様書の電子化などを対象とする。
- 見積積算の精度向上、迅速化により、仕様確定を早めることで設計作業待ちの大幅減少化を図る。また、提案型営業の推進に結びつけることが可能になる。

② 機能の標準化
- 設計標準の策定、機能バリエーションの整備、モジュールの設定などを対象とする。標準設計部隊の設置など、組織的な対応も有効策の1つとなる。
- 設計思想の統一化、設計ノウハウの蓄積により、設計ミスや手戻りの減少、設計レス化へつなげていく。これにより、出図遅れも減少し、製造工程への波及も軽減される。

③ 部品の標準化
- 共通部品の整備、品番体系の整備、マトリックス部品表の整備などを対象とする。
- 標準部品の拡大により、自動設計などの促進につながる。それとともに資材発注の自動化、部材在庫の削減、組立時欠陥の防止などへ効果を発揮する。

④ 図面構成の標準化
- 部位構成の整備、取り合い部の標準化、固定・変動分析、常備図と追加工図の整備などを対象とする。
- 機能の標準化同様、設計ノウハウの蓄積や設計思想の統一化に重要な役割を果たす。

　これら4つの標準化は、経営トップの方針のもとで進められるべき大きな改革事項になる。全社プロジェクトまたは特別プロジェクトとして社内関連部門から代表者が集まり、協議していくことが多く発生する。この際、うまくプロジェクトを推進するには、推進リーダーの選出が重要なカギとなる。

(4) 仕様選択機能

　4つの標準化作業で形成された貴重な成果、英知の結集内容をITツールとして活用する環境を構築する。これが仕様選択機能である。仕様選択機能の活用手順はおおよそ次に示す6つの手順に従い実行される。

① 仕様項目条件表の登録(図表7-11参照)
- 性能範囲を定義した「仕様項目」と取り得る範囲値の「仕様条件」を整理。
- 該当する仕様条件を選択していき、客先要件を具体化。

② 組み合わせ禁止条件
- 構成仕様選択時、組み合わせできない仕様をエラー表示、警告する仕組み。
- 「絶対禁止」：寸法などの物理的な条件、「警告」：特殊対応でコスト、納期に影響する条件、「要技術検討」：技術的に未検討な条件。

③ 積算原価算出
- 「見積仕様選択」で選択した客先仕様の必要部品が抽出され、原価積算される。

④ 顧客仕様モデル
- 顧客向け標準提示仕様などのモデル化。
- 数ある選択項目の中で標準仕様や固有仕様を定義。

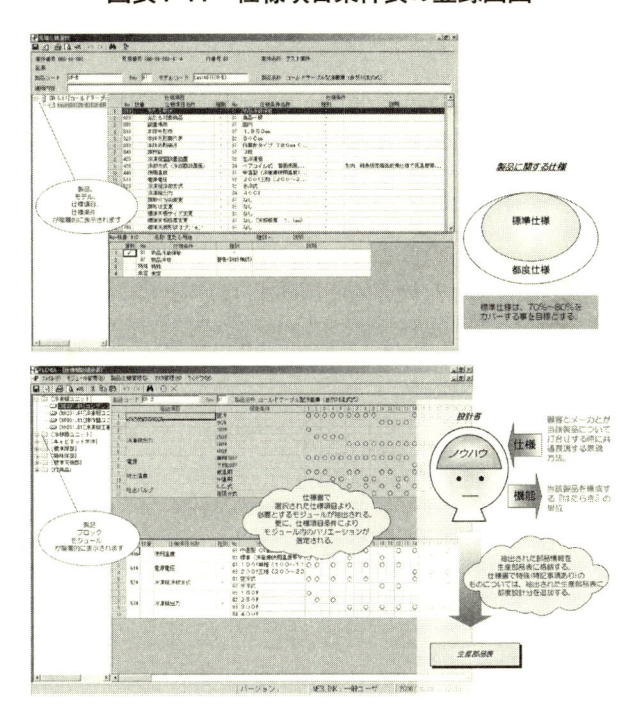

第7章　ノウハウ活用術と品質の作り込み

図表7-11　仕様項目条件表の登録画面

⑤　仕様機能結合
- 仕様項目条件表と機能項目条件表を結合。
- 仕様から機能展開が可能になり、ベテラン設計者のノウハウを他の人が活用可能に。

⑥　マトリックス部品表
- モジュール(部分組立品)と機能バリエーション一覧。
- 機能バリエーションの部品ごとに必要量を一目でわかる形に。

　以上の仕様選択機能の実現により、受注設計のボトルネックが解消し、受注から出荷までのリードタイムが大幅に短縮される。これが、多品種少量生産をスムーズに行う決め手となっている(**図表7-12** 参照)。

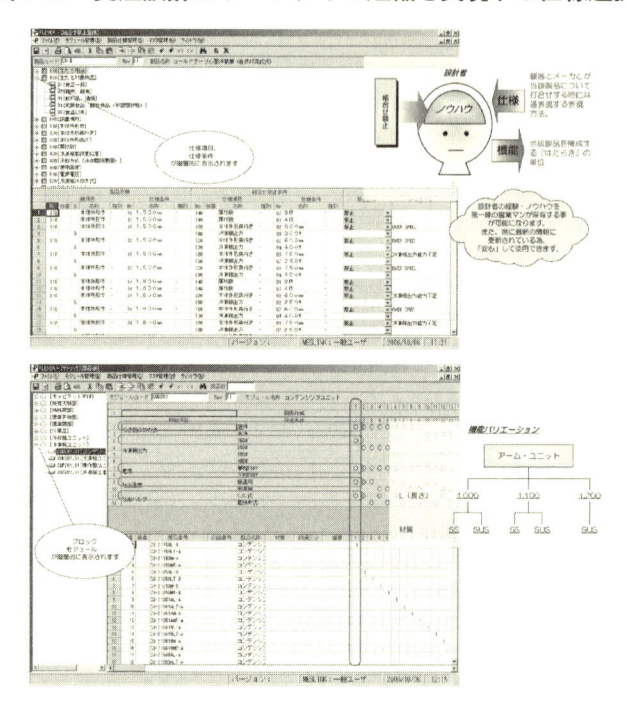

図表7-12　受注設計のリードタイム短縮を実現する仕様選択機能

7.4　データ管理フレームワーク

　設計開発部門でのナレッジ活用、標準化に関する活用例をいくつか紹介してきた。これからのITシステムを発想する場合、散在する各種データを活用可能にするデータ管理フレームワークが重要になってくる。従来、CADデータ管理のPDM、部品構成主体の部品表、承認管理などのワークフローなど、設計フェーズごとに個別最適を進めてきたケースが大半である。しかし、今後は1つのフレームワーク配下に管理することにより、データの連携や活用を容易に図れる仕組みが求められてくる。これまでPDM、BOMシステムと呼ばれていた領域が、必要性の高まりからより広い範囲でのデータを扱うようになるとともに、時間軸としてのプロセスに着目した管理、活用ツールに進化していく必要がある。

またメカ(機構)系データ中心だったPDM/BOMシステムも製品情報管理という観点からは、エレキ情報、ソフト(ファームウェア)を加えた統合管理ツールとして発展していく必要がある。これらの基本要件についてまとめると次のようになる。

● **CADデータ管理**
- 機械系CADデータ管理(2D/3D-CAD)
- 電気系CADデータ管理(回路、基板、素子部品)
- ファームウェア開発管理、ソフト構成管理
- アクセスコントロール、利用者権限、セキュリティー対策

● **設計部品表**
- 設計変更、履歴管理、派生管理、構成の高速逆展開機能など
- 仕様選択機能、課題管理機能、環境情報管理連携
- 生産準備部品表、生産実績情報の反映

● **ポータル機能**
- 全文検索、図面類似形状検索、3D形状類似検索
- 設計ナビゲーション、プロセス管理、プロジェクト管理機能

● **環境情報管理**
- 有害物質情報管理、Rohs/ELVなどの法規制対応、部品表連携

● **サービス部品表**
- 3D-CADデータからの最新情報連携、Web上での手配部品参照など

第8章 VDR（バーチャル・デザイン・レビュー）手法

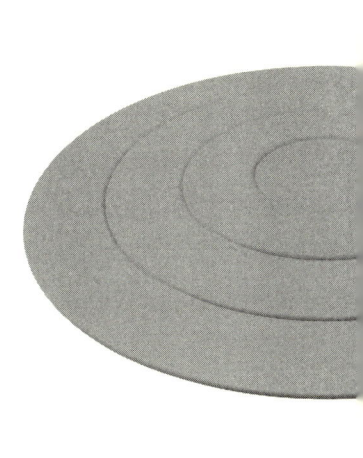

製品開発力を向上させる活動は、すべての企業において取り組まれており、多くの場合、大幅なプロセスの見直しが必要となっている。しかし、ほとんどの活動は従来の考え方、組織、文化などの制約の中で行われるため、部分最適の範囲にとどまっている。そんな中、多くの企業でプロセスの変更をともなう改革を成功させ、大きな効果をあげている方法に、VDR（Virtual Design Review）手法がある。

VDR手法とは、従来試作機で行っていた検証作業を、3次元データを使って行うことにより、試作機を作る前（データしかない段階）に設計品質を確保していこうという設計検証手法である。しかし、従来、試作機で行っていた検証をCADデータの段階で行う場合、「総論としては賛成だが、各論反対」というのが、ありがちな現場の反応である。「製造現場で操作できない」「設備がない」「スキルがともなわないから無理」「忙しくてできない」というのがその理由だ。

VDR手法は、こうした反対の中、組織全体の合意を形成しながら、プロセスあるいは企業文化を変革していく手法である。VDR手法は、2000年前後から着目され始めた。主に電機・民生機器・精密業界の主な企業で試行され、確実な成果をあげてきた。しかし、さまざまな壁にぶつかり、なかなか前進できず、今まさに悩んでいる企業があるのも事実である。

本章では、成功事例をもとに定式化したVDR手法の概略を紹介する。

8.1　VDR導入による効果

VDRの効果は、最終的には開発コストの削減と開発期間の短縮である。初期段階では、効果の見えやすい、試作機での不具合削減とスムーズな生産立ちあげを目標としている。最終目標の設計変更による手戻り削減を、金額効果で見ると、富士通の経験では、設計変更費用の5割程度の削減が可能である。

もし読者が開発コスト全体を把握できているなら、計算してみていただきたい。製品によって異なるが、少なくとも数億から数十億のコスト削減になるはずである。設計変更による手戻りの削減は、開発期間短縮への影響も大きい。次に、初期段階で狙う効果について少し詳しく説明する。

8.1.1　試作機での不具合削減

　設計データをもとに、部品を内製や調達で集め、最初の試作機を組みあげていく場合、最初のハードルは組み立てられないことである。設計データ上では組み立てられるはずなのに、組み立てられないのである。この原因は、設計者の単純ミスである場合も多い。また、異なる設計者が設計したモジュール間の整合性問題にも原因がある。本来であれば、こうした不具合は、出図前のレビューでつぶされているはずであるが、つぶしきれないのが現状である。一般にこの問題をレビュー問題と呼ぶ。

　試作機では、組み立て手順の確認なども行うが、最も大きな目的は、性能や機能が仕様どおりに作り込まれているかを検証することである。レビュー問題に追われて性能や機能の検証、その対策を行う期間が短くなることは、予定出荷時期の問題や製品品質問題を引き起こしかねない。これは、ビジネス上の打撃になり、企業にとっては死活問題となる。

　レビュー問題を事前に解決し、試作機での単純な不具合を削減できれば、本来の機能・性能対策に対応でき、試作検証期間の削減や製品品質の向上に直結できることを意識しておきたい。

8.1.2　スムーズな生産立ちあげ

　従来は、試作機ができてから生産技術部門などが製造準備を開始していた。このため、実際の組み立てメンバーへの手順教育などは量産直前に行われることになる。これでは組み立てメンバーも慣れないため、予定生産量も少なく設定せざるを得ない。

　現在製品寿命の短縮化にともない、グローバルな垂直立ちあげを行うことが叫ばれている。垂直立ちあげのためには、初期流動期間の短縮が欠かせない。VDR手法では、設計段階から製造部門が参加する。そのため、設計データの製造面での品質を高めることができる。また同時に、より早い段階から組み立て手順の検討に入れる。ある企業では、VDR手法の導入で、量産開始月の生産台数を倍にあげることができたという事例も報告されている。VDR手法はここでも効果を発揮できることが実証されている。

8.2　VDR 手法導入手順

VDR 手法を導入する手順は、おおむね次のとおりである。
1) 目標を明確に定めて活動体制を作る
2) 過去の開発機種で発生した不具合事項を分析する
3) チェック観点シートを作成する
4) VDR を導入した後の開発プロセスを策定する
5) プロジェクトで VDR を実施する
6) プロジェクト完了後、VDR 評価を行い、手順などに反映する

3次元 CAD を導入した企業で、VDR 手法を採れない理由を以前検討した。理由としては、①活動開始の決断ができない(VDR の効果を信じていない)、②仮想検証に対する十分な知識がない(VDR の考え方を知らない)、③現場任せにする(3次元 CAD の活用を管理していない)、④部門間の連携ができない(製造部門をもたない、距離的に離れているなど)の4点である。まさに、この4つの『壁』を乗り越えることが VDR 手法を導入・活用するうえで、最も重要なポイントである。この4つのポイントを含めて、VDR を推進していくときの阻害要因などについては、後で見ていくこととし、ここでは、VDR 導入の手順を紹介する。

8.2.1　目標を明確に定めて活動体制を作る

活動体制は、プロジェクトオーナー、推進チーム、支援チーム、対象プロジェクトメンバーとする。

VDR 手法を導入するには、単独の組織だけではなく、設計部門・生産準備部門・品質保証部門などの全社活動で取り組むべきである。このため、本活動のプロジェクトオーナーには、組織横断で指示を出せる立場の人に担当してもらう。一般的には技術開発部門のトップが相当する。

次に、実際に活動の方向性を決め、調整を行う推進チームが必要である。推進チームは、各組織から独立した体制であることが望ましい。VDR 手法を導入するには、各組織との調整に奔走する場面も出てくるため、推進リーダーは

高いモチベーションをもち続けなければならない。推進チームは、当初は数名で十分である場合が多いが、専任化すべきである。

支援チームは、設計者や仮想検証を行う関係者のアシスタントとして主にツールの操作を担当するチームである。このため、導入したツールの操作に精通したオペレーターで編成する必要がある。

活動を開始するにあたり、最初にVDRに取り組む開発プロジェクトを選定する。このプロジェクトのメンバーにも活動の狙いや取り組み手順などを理解してもらい、実際のトライアル実施時に協力を得られるようにしておく。

体制が決まり、最初にすることは、プロジェクトオーナーから活動目標を示すことである。活動目標は、開発期間半減、生産準備期間半減、設計品質10倍など、スローガン的なものでもよいが、活動終了後に測定可能な指標も定める必要がある。この指標は、四半期ごとに活動の振り返りを実施することが望ましい。

先に例示した3つのスローガンは、富士通での2001年から2003年の開発革新活動の一部である。富士通では、1998年からものづくり革新委員会という体制を組織し、開発・製造IT革新プロジェクト、業務プロセス革新プロジェクト、部品・規格共通化プロジェクトの3つのプロジェクトで活動しており、この3つのスローガンは開発・製造IT革新プロジェクトの目標として設定されたものである。

8.2.2 過去の開発機種で発生した不具合事項を分析する

体制が整い、目標が設定されたら、推進チームは、選定されたプロジェクトが過去に開発した機種の不具合事項、過去機種で実現できなかった製造側の要望を準備する。可能なら企画段階から情報を集めることが望ましいが、一般的には各設計者のメモ程度の情報となるため、通常は試作出図後から量産開始までの不具合情報を準備する。設変通知や技術通知など各社で呼び名は違うが、品質保証部などで最終的に取りまとめられていることが多い。

製品の市場投入後の不具合情報も、できれば準備したい。ここでいう不具合

情報とは、不具合だけではなく、要望なども含むため、本書では指摘事項という言い方をする。

指摘事項を集めたら、まず指摘内容を、大きく時系列（工程別）に製品特性（構成・機能・性能・原価など）、生産特性（金型、精密部品、特殊作業など）を考慮した指摘内容に分類する。例えば、機能に関する指摘、構造自体に関する指摘、組み立て性に関する指摘、操作性に関する指摘、安全性に関する指摘（製造時、保守時、ユーザ操作時）、制御ソフトに関する指摘、電気系に関する指摘などに分類する。このように分類してグラフ化した例を**図表 8-1** に示す。

このグラフからは、1次試作と2次試作で干渉問題と組み立て性問題をつぶし込んでいる様子が見える。試作機の組み立てを最優先にしたと思われるが、量産前試作でも性能の問題が数件出ている。このことからも、十分な機能や性能の試験が行えていないことが推測できる。

VDR手法の目的は、単純な不具合をできるだけ設計段階でつぶし込み、機

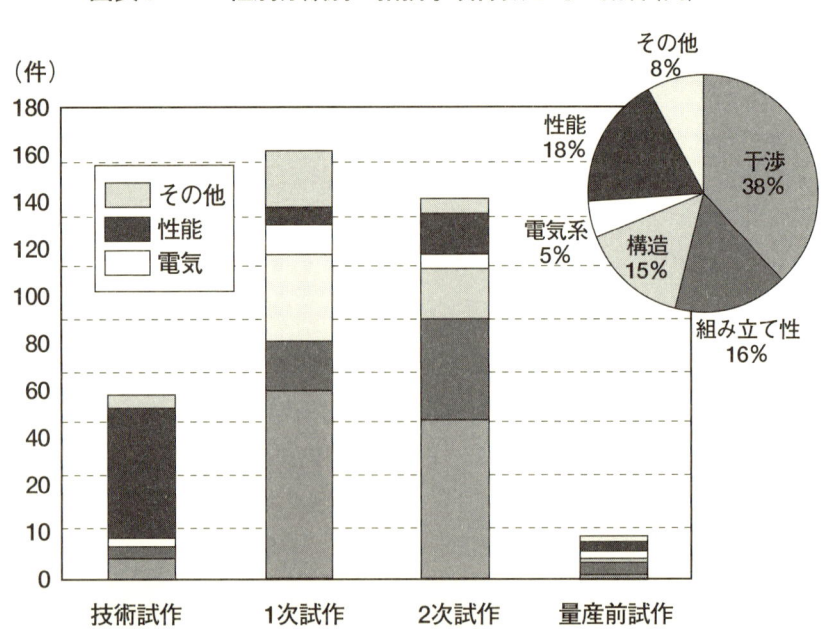

図表 8-1　工程別分類別の指摘事項件数とその割合（例）

能や性能などの検証により多くの時間を費やすことである。このため次に行うことは、集計した指摘事項のうち、どの程度を仮想検証でつぶし込んでおけるか、つまり出図前にどこまで設計品質をあげておけるかという見込みを立てることである。これは、各々の指摘事項1件ごとに行う。この指摘は試作機がなくても検証できるだろうか、それはどうやれば、あるいは誰が検証したら指摘できるだろうかと順に見ていくことである。指摘事項が数百件から千件を超えるような数になると根気のいる非常に大変な作業になる。しかし、この見込み次第で得られる効果が変わるので、できるだけ精緻な検討を行いたい。

こうして、過去の指摘事項を分析し、仮想検証の可能性を評価できたら、仮想検証可能な数を全指摘件数で割って、仮想検証可能率を求めてみてほしい。富士通のこれまでの経験によれば、製品種別や業界によらず、3次元CADによる検証で20〜30％、DMUツールによる検証で40〜50％、CAEツールによる検証で10〜20％、実機で検証する必要があるのが10〜20％である。図表8-2に、前述した富士通での開発革新活動で集計した使用ツール別に指摘事項をどの程度事前検証できたかの割合を示す。この場合、仮想検証率は88％になる。読者の求めた値が50％以下ならば、外部の専門家などの意見を聞く必要があるだろう。

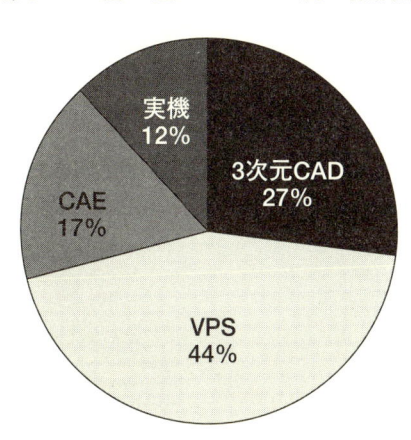

図表8-2　富士通でのツール別の指摘割合

8.2.3 チェック観点シートを作成する

「8.2.2 過去の開発機種で発生した不具合事項を分析する」では、過去の指摘事項を種別ごとに分類した。次に、種別ごとの各項目を改めて見直す。どんな観点で検証したらその問題を指摘できたかという見方をするのである。そうして再分類したら、まとまりごとにどんなフレーズで表現したらわかりやすいかを考えていく。この流れを**図表8-3**に示す。

例えば、モールドのベース部品に基板を取りつけたものを、別な部品にネジ止めするときに、ネジ穴の位置がわずかにずれていると、試作機組み立て時に指摘があったとする。

調査の結果、基板の反りを拾ってモールドのベース部品自体がわずかに変形していたことが原因であったとしよう。この例は、指摘事項分析では、構造問題と分類されるが、チェック観点に落とすときには、強度に関する問題になる。なぜなら、モールドのベース部品の強度が不足していることが原因であるからである。この例のようにすべての指摘事項を再度整理することで、チェック観点のリストを作成する。チェック観点は、100件前後、多くても200件以下にする。件数が多くなると、網羅性や詳細度が高くなるが、1件の検証にかける

図表8-3 指摘事項のからチェック観点リストへの落とし込み

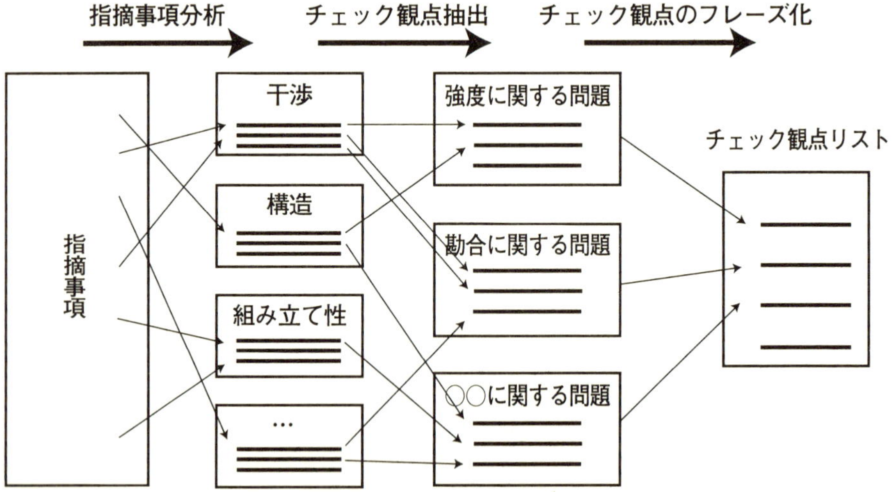

時間が少なくなり、結局あまり意味のないリストになってしまう危険性がある。

　チェック観点は、1件1枚で記述する。**図表8-4**にチェック観点シートの例を示す。チェックする観点、代表的な過去の不具合事例、チェック実施時のポイント、ツールの操作方法を1枚にまとめておくことで、チェックする側は、この1枚を見ながらチェックしていくことができる。

8.2.4　VDRを導入した後の開発プロセスを策定する

　VDRは、設計途中のレビューと設計の完成度があがった段階でのレビュー

図表8-4　チェック観点シートの例

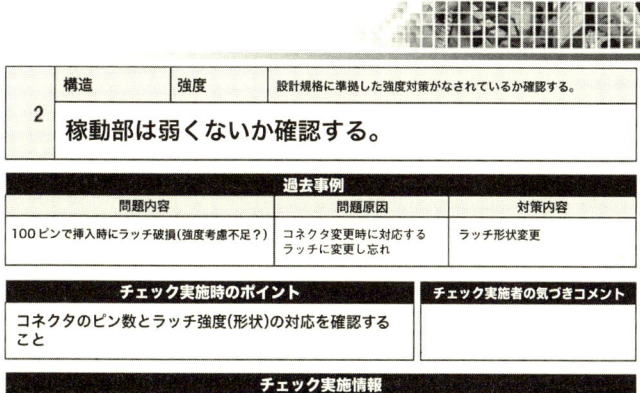

	構造	強度	設計規格に準拠した強度対策がなされているか確認する。
2	稼動部は弱くないか確認する。		

過去事例		
問題内容	問題原因	対策内容
100ピンで挿入時にラッチ破損(強度考慮不足？)	コネクタ変更時に対応するラッチに変更し忘れ	ラッチ形状変更

チェック実施時のポイント	チェック実施者の気づきコメント
コネクタのピン数とラッチ強度(形状)の対応を確認すること	

チェック実施情報					
実施工程	実施日	担当者	実施結果	コメント	対策方針
			OK　NG　未実施　改善要望		
			OK　NG　未実施　改善要望		
			OK　NG　未実施　改善要望		

チェック実施手順
1. 部品の分解を行う
2. 部品の分解方法は、対象部品上で右クリックし、分解を選択する
3. ネジなどで締結する必要がある部品に着目する
4. ネジなどで締結する際に、ソリ・歪みが発生しないか検討する

■部品の非表示化
　1. 非表示化したい部品/アセンブリを選択し[Ctrl]+[H]ボタンをクリック
■断面表示機能
　1. 作成したい断面図と平面である部品面上で右クリックし、[レビュー]→[基準面追加]を選択する
　2. 作成された基準面の黄色のラベル上で、[Shift]ボタンを押しながらマウスドラッグし表示させたい断面図を作成する
　3. 作成された基準面の青いラベル上でダブルクリック
■二次元断面図表示
　1. 断面図表示したい青いラベル上で右クリックし、[断面図]を選択する
■二次元断面図内での計測

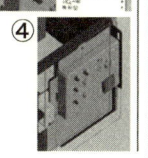

の大きく2段階で実施する。

設計途中でのレビューは、設計リーダーや設計者自身が行う。完成度があがった段階でのレビューは、設計データを関係者に広く公開し、決められた期間内に各自がそれぞれの観点で自由にレビューを行うスタイルである。

設計とは、設計者がアイデアを作り込んでいくことであるとするならば、設計者の頭の中にどれだけのものが入っているかで、その設計者の設計品質は決まることになる。しかし、現実には各設計者にその個人の能力以上の設計をすることが求められるようになってきている。

このため、先人のアイデアや経験をデータベースに蓄えて、いつでも取り出せるようなナレッジシステムが盛んに構築された。しかし、人間は経験することなく新たなノウハウを得ることはできない。設計途中のレビューでは、設計リーダーなどが適宜確認し、積極的にアドバイスすることで、若手設計者に積極的に経験させることもめざす。このときに、チェック観点リストを使い、設計者自身で気づく（追体験する）ことも重要である。

設計が50%と80%程度完成してきたときに、これまで試作機で指摘していた関係者に設計データを広く公開する。50%や80%というのは、厳密な値ではない。関係者が試作機を触るのと同じような感覚で3次元データをいじり回すことができ、かつ何らかの指摘があったときに、出図前までにその指摘を検討して、必要であれば反映することができる時期という意味である。また、このスケジュールには、大物部品（＝長手番品）の手配時期などを検討する必要もある。開発プロセスの例を**図表8-5**に示す。

このVDRを実施するツールであるが、関連部門に公開し見てもらう場合は、操作の複雑なCADより、ビューアやDMUツールが使われることが多い。生産技術部などは、そのまま生産準備作業などに活用する目的で、主にDMUツールを使用している。

8.2.5　プロジェクトでVDRを実施する

最初にVDRを適用するプロジェクトでは、策定した開発プロセスをそのままで適用することはほとんどない。策定した開発プロセスを基本のパターンと

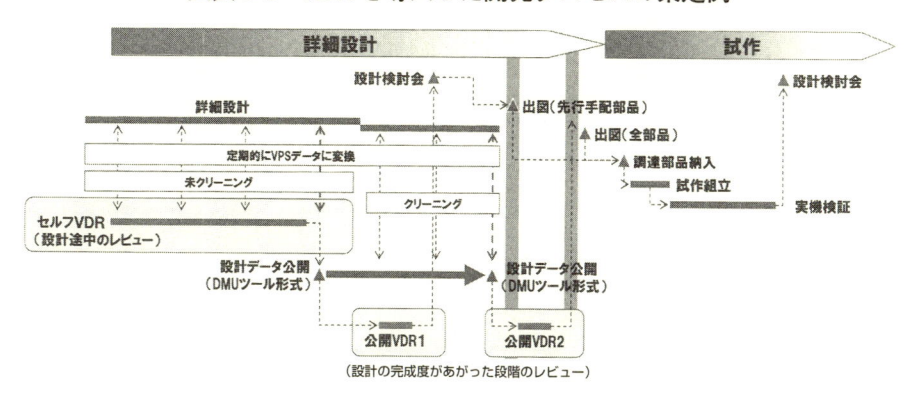

図表8-5　VDRを導入した開発プロセスの策定例

して、今回のプロジェクトに限ってよいので、うまく回せるやり方を検討する。多くの場合、出図前に数回にわたって集合型のVDRを行うことが多い。本来は支援体制があるので、策定したプロセスで実施することができるはずなのだが、主に関係者の心の準備の問題が原因ですぐに策定したプロセスで運用することは難しい。このため、設計の50％と80％の完成度の頃を見計らって、日時を決めて関係者に集まってもらい、支援メンバーが設計データを操作しながら、参加した関係者には次々に自由に意見を出してもらう。ここには、設計途中のデータをレビューされる設計者も参加しているため、設計リーダーなどはこの場で指摘をしづらい場面も出てくる。しかし、これは狙いの1つでもある。集合型VDRでは、VDRが本格的に運用されるようになったら、今レビューしているのと同等の設計データが逐次公開されることになるという危機感を設計リーダーにもってもらうことも目的としている。

　トライアル的適用でどこまで成果がでるのか疑問に思う読者もいると思うが、ある企業では、わずか2カ月間のトライアルで1,200万円ものコスト削減を達成している。

　最初のトライアル的なプロジェクトの目的は、実コストの削減というより参加メンバーの意識改革にある。このため、杓子定規に決めごとにあてはめるのではなく、さまざまな工夫でVDRは効果があがりそうだという感触と、やればできそうだという感触をつかんでもらうことである。

8.2.6　VDR評価を行い手順などに反映する

　プロジェクト完了後、新たな指摘事項の中から、設計ルール化するもの、ノウハウとしてチェック観点リストに書き込むものなどの分類・整理を行う。また、今回のVDRでの事前指摘による設計変更の手戻り削減効果を算出する。

　次に、プロジェクトの主だった関係者に集まってもらい、反省会を行うことが必要である。反省会では、ルールの見直しや効果など、整理した情報を開示したうえで、「VDRを実施するタイミングはよかったのか」「VDRに参加する関係者の範囲はよかったのか」などを振り返る。それと同時に、「セルフVDRによって、設計部門だけでより多くの検証を行うには何が必要」など、継続的な改善に向けたディスカッションを行う。

　ここで出た意見をベースに、「8.2.4　VDRを導入した後の開発プロセスを策定する」で策定した開発プロセスを見直すと同時に、部門間の問題や効果の結果をプロジェクトオーナーに報告する。全体最適をターゲットに、トップと連携し、革新を進めることが重要である。また、詳しくは後述するが、支援体制を維持し続けることもVDRの実現には、重要であることをつけ加えておく。

8.3　VDR手法導入時に犯しやすいミス

　VDR導入につまずく典型的な4つの例を示す。

①　VDR手法を導入する活動をスタートできない

　VDR手法を導入するには、ツールの導入と専任のチームでの活動が必要となり、これが投資にあたる。このため、経営者もしくは開発投資を管理する側としては、その費用に見合う効果見込みを求めることになる。

　ここで、企業の差が出る。すでにVDR手法を導入している企業の投資判断は早い。レビュー問題が減らないことには、市場投入時期の遅れや市場投入製品の品質の問題から競合他社と戦えないとの判断がある。このため、早い段階でリスクを負ってでも導入した企業は、現在その大きな効果を得ている。

　まずは、スタートラインに立つことが重要である。

② 指摘事項分析で仮想検証できる範囲を間違っている

VDR 手法導入後の最初の目標である「仮想検証でどこまでレビュー問題をつぶし込むか」の見込みに差がでる。これを間違うと狙う効果も異なる。

図表 8-6 は、本来 70％以上のレビュー問題をつぶせるはずのある企業で、仮想検証の理解不足から、指摘事項分析を行ったために目標を低く見積もり、最初の取り組みでは、2〜3 割程度しかレビュー問題をつぶせなかった例である。この企業の場合、レビュー問題の 50％程度の差でも部材コスト（主に設計変更にともなう費用）に換算すれば 2,000 万円以上の効果の差になった。そのためにある程度経験のあるコンサルタントを投入しても、安いものである。

③ 初期プロジェクトに対する支援体制を整えない

現場の設計者や製造担当者などがツールを使って検証作業をすべきである、

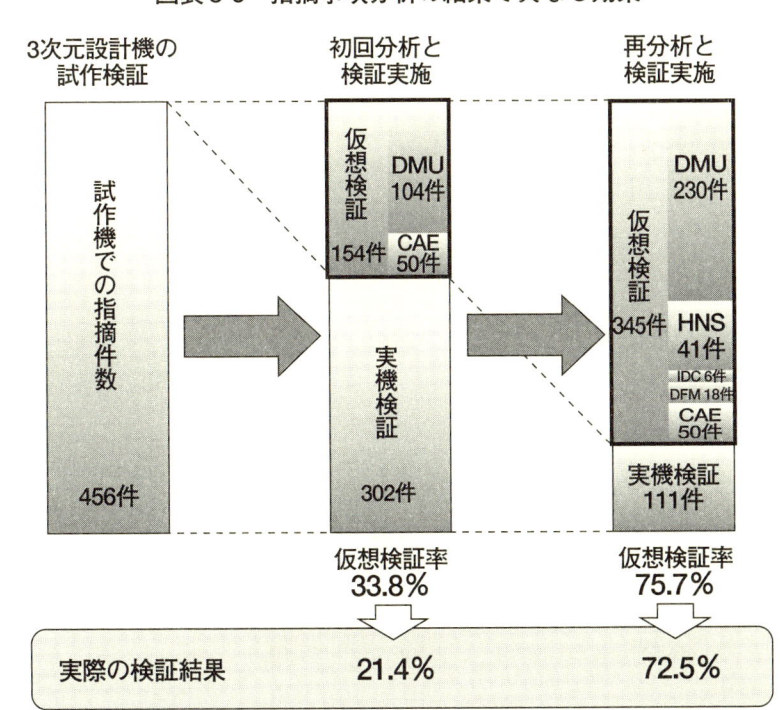

図表 8-6　指摘事項分析の結果で異なる効果

3次元設計機の試作検証	初回分析と検証実施	再分析と検証実施
試作機での指摘件数 456件	仮想検証 154件（DMU 104件、CAE 50件）／実機検証 302件	仮想検証 345件（DMU 230件、HNS 41件、IDC 6件、DFM 18件、CAE 50件）／実機検証 111件
	仮想検証率 33.8%	仮想検証率 75.7%
	実際の検証結果 21.4%	72.5%

あるいは支援体制は金がかかるなどの理由で、とにかくツールを導入して使わせるという対応であるが、この論理を押しつけられる現場にとっては迷惑千万である。現場の設計者は、日々業務に追われており、余計な仕事はできるだけ排除したいと考えている。出図後の設計変更対応などの作業が楽になることがわかっていても、「今」の仕事が楽にならなければ駄目なのである。

　もう1つ犯しやすいミスとして、使うツールを現場の担当者に決めさせるということがある。これも現場の担当者にツールを使わせるという発想からきていることだが、現場の担当者は自分達の効率化、いわゆる部分最適しか考えていない。いくら全体最適を目指しているようなことを口にしていても、多くの場合は自分のことだけで精一杯なのである。このため、現場の担当者がツールの選定を行うと、近視眼的になってしまい、VDR手法の導入とはかけ離れた活動になっていく。

　これまでにVDR手法を導入して成功している企業の大半は、しっかりとした支援体制を敷いている。支援体制を作ることを宣言したうえで、ツールの選定や運用ルールの検討などを行えば、現場の担当者は、少なくともツールの操作という厄介ごとからは開放されることになるため、より協力的になるものである。

④　初期プロジェクトの後で活動を縮小させる

　初期プロジェクトでは狙った効果をあげることができたが、その後、なかなかVDR手法が定着しないという話もよく耳にする。実はこれも前述の③と同様の理由であることが多い。初期プロジェクトでは、支援体制も整えて運用ルールも臨機応変に変えながら対応していても、初期プロジェクトで成功した後に、現場の設計者や関係者にツールを使わせ、あるいは決めた運用ルールを押し付けて「さぁ、VDRをやれ」ということが行われる。やはり、支援体制が非常に重要なのである。VDRが定着するまでは支援体制を維持し続け、関係者の意識が変わっていくのを辛抱強く待つことが必要なのである。これまでの経験から、しっかりとした支援体制を整えて活動すれば、おおむね1〜2年程度で意識が変わっていくようである。2年もかかるのかとの声も聞こえそうであ

るが、人間の意識はそう簡単に変わるものではない。

8.4　VDR 導入例

　ある企業でVDRを導入した例をもとに、具体的な導入時の様子を概観してみたい。この企業では、すでに全社的にVDRの適用を掲げていたため、活動体制作りにはあまり苦労していない。設計現場の部門長をプロジェクトオーナーとして、社内支援部門が推進とツール(VPS)のオペレーション支援を担当し、開発費削減をめざしてモールド試作の中止を掲げて活動を開始した。

　指摘事項を分析してみると、仕様に関する問題が3%、構造問題が59%、製造などの作業性に関する問題が13%という割合となり、VDRでは構造問題と作業性に関する問題に主眼をおいて検証することとした。モデル試作をやめると金型関連で1カ月単位の期間をなくすことができるため、この期間にVDRで徹底的に設計品質をあげることをめざし、設計が50%程度の段階から3次元データで仮想検証を行う。

　しかし、試作機をなくそうとすると、本当にそれで組み立てられるのかとか、熱を外に逃がすための経路はちゃんと確保できるのだろうかとか、強度が確保できるだろうかとか、いろいろな疑問や課題、さらには、当然のように設計者からは設計途中のデータをあまり見せたくないなどのクレームが出てきたが、こうした場面では、支援メンバーが設計者に1時間だけ時間をとってもらい、横について、あるいはコラボ機能で画面共有して、VPSの操作をしながら、1つひとつ確認してもらうということを繰り返し行った。

　また、設計者が一番嫌がったのは、VDRの時点ではあまり設計が進んでいないから、見せたくない部分が見えてしまい、そこに指摘が集中するということであった。この点に関しては、検証すべきところと、まだ設計途中でとりあえず何か形を置いてあるだけのところを明確にして、検証の対象から外すこととした。ただ、検証対象から外した部分への指摘は行わないが、提案型の検証を行うこととした。これは、「まだ設計途中だからいいだろう、とりあえず先送り」とし、そのまま設計が進んでしまうという「見込み確認」をつぶし込むた

めである。

　ここでのポイントは、設計者と一緒に検証の進め方を工夫しながら進めることがいかに重要だったかということである。

　出図前のメカ設計者、エレキ設計者、製造担当者が集まってのVDRでは、設計者が考えていた組立手順では気づかない点もいくつか指摘された。

　例えば、コネクタにケーブルを差し込むときに指を入れる隙間が足りない、BGAとコネクタが近すぎるために作業性が悪いという指摘が出た(**図表8-7**参照)。また、作業性の要請からコネクタの向きや種類の変更を要求されたこともあったが、エレキ設計者が同席して検証を進めていたことと、出図前という

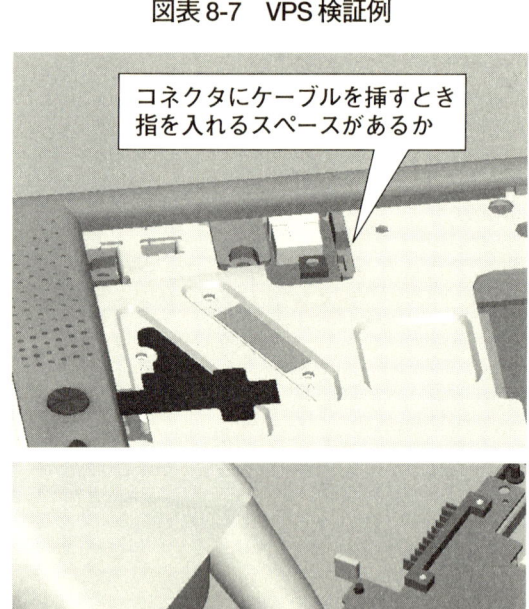

図表8-7　VPS検証例

ことですぐに修正が行われた。

　このような活動を行った結果、フロントローディングの指標の1つである仮想検証率(VRI)が2.5となった。仮想検証をまだそれほど取り入れてない機種のVRIは3.0前後であったから、一定の効果があったといえる。VRIは、指摘事項の分析で説明した、工程ごとの指摘件数を集計した結果を利用し、最初の工程を1として、順次2、3と番号を振り、番号とその工程での指摘件数を掛け合わせて加重平均をとることで、指摘の中心がどの程度、前倒しできたかを測定する指標である。

　しかし、隙間、微妙なガタ、触感、ケーブルの問題、バリなど、モールド試作(実機)で検証していればつぶせていただろう問題の約28%は、やはり仮想検証だけではつぶし込めず、次回以降の課題として認識した。

　当初は、全社共通の支援部門が推進チームとして対応したが、現在では品証部門に支援チームを設置し、引き続きより高度な仮想検証を進めている。

製造部門への適用

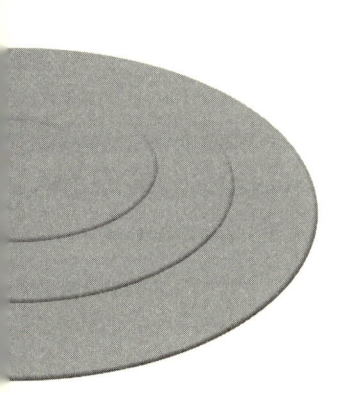

第**9**章

富士通では、自社で開発したVPS(Virtual Product Simulator)というDMUツールを全製品開発のさまざまな場面で活用している。その中で、基幹通信を支える光通信装置や携帯電話機の製造現場では、VPSで組み立ての手順をアニメーション化し、実際に製造現場に適用することで組み立て時間の短縮や設計図面作成の短縮で効果をあげている。本章では、製造現場での適用を説明する。

9.1　製造現場の図面と3次元アニメーション

　従来、製造部門では、設計から図面が渡っていた。この図面には、作業者が何気なく犯しやすいミス(部品の扱い方など)やネジの締め付けトルク量などを事細かに示した注釈が記入されていた。ところが、図面に書かれている情報の見落としや、製造作業者の経験から、段取りの仕方などが作業者依存となり、組み立て時間にバラツキが出ていた。

　ベテラン作業者が組み立て作業をする場合、往々にして自分が以前に手がけたものと比較したうえで、新規部分のみに注目して組み立てを行うことが多いものである。逆に、経験が浅い作業者の場合、段取り・手順・注記などを自分なりに作業マニュアル化し、組み立て作業に着手することが多かった。

　また、2次元図面による作業は、設計者の意図が現場に伝わっていないことや、伝えたつもりでいても理解されていないこともあった。そのため、製造現場からは、たびたび改善要望が発行されるということが起こる。また、設計者も自分たちの誤記や、コスト面、作業性などから、変更を発行することも多かった。このため、結果的に最後の最後まで変更が発生し、安定するまである程度の期間が必要となってしまっていた。

　これらの問題の解決のため、組み立て手順のアニメーション化を、設計者および作業者間で開発工程の上流から十分にレビューする仕組みを設けた。3次元CADデータをVPSに取り込み、実際の動きをつけて、組み立て作業を見えるようにしたのである。何を、どの手順で、どのように組み立てるかを、アニメーションで表現することで、次のような効果を得ることができた。

図面に記入していた注釈事項を減らし、さらに、実際に作業するタイミングで注意を促すことができるため、作業ミスを激減させることができた。また、アニメーションで組み立ての手順が標準化されるため、作業者ごとの製造品質のバラツキも解消され、誰が製造しても同一の品質を確保することができるようになった。

　例えば、経験25年のベテラン作業者には従来どおりの2次元図面を渡し、新人には3次元アニメーションを渡して、それぞれ基幹通信装置の組み立てを行う実験をした。装置の組み立て部品は80点、図面は12枚である。ベテラン作業者は作業前に図面とにらめっこしながら、じっくり自分なりの組み立て手順を考え、ポイントになる部分を図面にメモ書きしてから組み立て作業を始めた。

　新人作業者は、最初のアニメーションで組み立て手順を一度確認し、組み立てに必要な部材を、自身が作業しやすいように配置してから組み立てを始めた。組み立て時間は、ベテラン作業者が57分、新人作業者が31分という結果となった。ベテラン作業者は、自身が理解していたつもりでも、途中で組み立て手順の違いに気づき、分解しては組み立て直すということを繰り返してしまったことが原因と話している。新人作業者は、アニメーションを見ながら、その時々に表示される注記情報を見ながら進めたため、さして迷うこともなく組み立てができたようである。

　他の例としては、類似製品で装置一台を1人が製造する場合、22時間組み立てに要していたものが、アニメーション手順に従うことで14時間になった事例もある。

　これらの結果から、作業コスト・作業品質・作業の平準化といった意味で、アニメーションの効果は大きいといえる。また、図面による作業が、作業者に負担とスキルを要求していたこともうかがえる。ただし、図面のみによる組み立てをすべて否定するものではない。製造物量数、納期、現場教育など総合的に考えて、何が最適であるかをよく検討したうえで手段の選択が必要である。

　図面の表現は万国共通である。また、平面で表現されているものを頭の中で

立体的に描き、隠れた部分を勘と想像により理解する能力は重要なものである。しかし、アニメーション化によるコストメリットは大きい。現場での作業の立ちあがりをいかに早く軌道に乗せられるかという点でも重要である。

また、アニメーションを作るために、開発上流段階（"モノがないバーチャル環境"）で、組み立て作業性などを検証したことは、現場で効果をあげるだけではない。これによる設計・製造間の手戻り回避が、非常に大きいということもつけ加えておきたい。モデルに動きがつく副次効果として、現場作業員からの改善要望が激減した。これは、設計と現場の魔のサイクル（設計変更）から脱皮できたことを意味している。

9.2　作業指導書と3次元アニメーション

　小型軽量で、かつ内部構造が複雑な精密機器を組み立てる場合、図面だけでは表現しきれない。そのため、実際の現場では、製造部門自らが作業指導書（以下、作業マニュアルと呼ぶ）を作り込むことがある。この作業マニュアルは、デジタルカメラで実際の部材および組み立て手順を撮影し、各手順をわかりやすく表記したものである。また、作業手順をビデオ撮影し、音声を交えて作業者に伝達する手段も取り入れられていた。この作業マニュアルは、生産量が1日に15,000台以上を製造する場合や作業の標準化および作業者への教育を考えた場合に有効な手段である。

　しかし、製造部門で作業マニュアルを作成する場合、実際の部材が調達できた段階でマニュアル作成に着手するため、作成にかけられる時間が著しく短期間となる。このため、マニュアル作成時間の短縮を図るため、試作段階で大方使用する部材、手順を確定し、量産前に試作段階での差分を折り込み改版するのが通常であるが、部材調達などの過剰な費用が発生する。

　これらのマニュアル作成には、作業のしやすさ、構造の複雑さにもよるが、通常2～3週間の工数を必要とする。デジタルカメラなどを使った写真やビデオ映像の活用など、組み立て指導に有効で、作業手順を見える化できるツールは増えているが、限られた期間で作成する側の労力は大変である。また、常に

設計変更が発生することも視野に入れておかなくてはならない。

　作り手側としては、このためだけに作業員を専任でアサインしなければならない。また、機種が複数になった場合は要員を増やさなければならず、費用的にも負担となる。

　また、マニュアル作成後は現場での実践教育が必要である。作業マニュアルを用いた場合は、作業者全員に紙で配布するため、旧版を持ち続けてしまわないように版数を管理することがポイントとなる。最新版を共通サーバにアップする方法やWebからダウンロードする方法もあるが、すべての作業員に周知するのは難しい。特に外国人を雇用している場合などは、言葉の壁もあり確実に情報を伝達することが難しい。

　ビデオ映像の場合、作業者にビデオを上映し、すぐに現場デビューとはいかないものである。音声を交えて指導するにしても、実機での指導がともなわないと、言葉で表現できないような抽象的な表現をうまく伝えることができないものである。

　例えば、アンテナのように搭載する位置がほんの数ミリずれるだけで、特性が大きく変化する製品では、試験工程で特性不良が検出されることがある。そのため、再度分解してから組み立て直すといったケースが多々発生してしまう。このような場合の指導は、実機を使って「ここでこのくらいの力を加えて、固定させてから組み立てる」といったアナログ的な表現での伝達が必要となる。

　このような場合にも、アニメーションによる作業指導が有効である。まず、作り側が試作前のVMR(Virtual Manufacturing Review)で、構造検証(干渉)・ケーブリングや配線ルートの検討など、作業性、組み立て性の事前検証を徹底的に関連部門と行う。比較的簡単な操作で3Dモデルデータに動きをつけることができ、アニメーションで実際の組み立て手順を表現できる。アニメーションによる組み立ては、作業マニュアル作成を非常に軽減できるし、設計変更にも柔軟に対応できる。アニメーションによる作業マニュアルは、通常1～2日で作成できる。また、この中には、作業中に特に作業者に注意してもらいたい部分には、警告音やプロンプトなどで注意を促すことができる。現場作業者

は、見たいときにいつでも自分が担当する組み立て範囲を見ることができる。そのため、最初の実機指導を受けた後は、現場での立ちあがりも早いし、指導する側の負担も著しく軽減できる。通常、アニメーションによる組み立ては、作業者が自身の担当範囲を習得できるまで繰り返し参照するが、おおむね1～1.5日でなじみ、その後はときどき参照する程度になる。

　作業マニュアル、ビデオ撮影による組み立て指導とアニメーションによる組み立て指導の効果の違いだが、まず設計側は組み立て用の図面枚数で70％～80％の削減を図ることができた。これは、従来、過剰なくらい細かに手順やら注意事項を表記していたものが、アニメーションにより組み立てを動きで表現できたことから、図面上での余計な表記が不要になったためだ。図面設計においても、従来7日程度かけていた組み立て図面を2日程度で設計できるようになった。次に製造側だが、作業マニュアル作成に14～20日かけていたものが、1～2日程度になり、ドキュメント枚数も50ページから8ページと実に84％も軽減できた。

　しかし、現状のアニメーション化は完璧でない。すべてをアニメーションで表現できるものならば絶大な効果をもたらすが、例えば柔軟物（フレキケーブルなど）や貼りもの（保護シートとか）のように、アニメーションで表現することが苦手なものを強引に表現するために無駄な労力をはらいモデル化するならば、かえって工数増につながる。このような場合は、図面と融合するような手段を使う。例えば、図面で表現したものをアニメーションの中に挿絵として取り入れるなど、運用するうえでの工夫も必要である。

9.3　設計と製造部門の連携とグローバル化

　よく開発現場では、CADツール（例えば3D-CAD）で検証したから、DMUなど、他ツールでの検証は、不要とか二度手間になるから採用しないといった部門がある。単一チームを構成し、その中で特化した開発を行う場合は、この手の検証手段も無理・無駄・ムラを省き、理にかなう手段であろう。しかし、固定化されたチームで開発をするならば、個人へのチェックに依存してしまう

ことが多い。また、CADでのチェックが絶対と思いがちである。生のCADデータを開いて見るには、それなりの時間もかかる。DRC（Design Rule Check）を実行するだけでも、半日から終日かかってしまうことは少なくない。個人チェックで怖いのは、やはり設計の勘所を見落としやすいことである。特に本人の思い込みが一番怖い。CADのチェック機能がすべてでないことをよく理解していただきたい。CADは、限られた命令（条件）を限られた範囲で忠実に、しかも短時間で検証するようにプログラム化されたものであり、与える条件に不備があってもルールさえ守っていれば、合格にしてしまうものである。仮に干渉チェックで間隙が0.001ミリのマージンがあるからエラーでなく、OKといっても、実物では、0.002～0.005ミリで製造誤差が発生するものである。

VPSなどのデータに変換し、より軽くモデル化したものを、より多くの人に見てもらうことである。それにより、設計者の思い込み、規格との整合性、製造プロセス、他人のノウハウなど、自身が見落としている部分がないかを、他人から指摘してもらうことが重要である。これは、後工程での後ダレを回避するものであり、開発段階から製造部門とのいわゆる"ニギリ"をできるだけ早い段階で行うようにしているものである。

また、設計は本当に設計だけを主業務とし、ある程度の完成度で、製造技術部門に業務を引き渡し、そこから量産化までを一貫化させるやり方をとる会社もある。このようなケースは、製造技術部門のスキルが著しく高い。この場合、設計を経験した人達が集まっていることが多いが、これはレアなケースといえるだろう。

この開発スタイルをとる場合、私の経験からいうと、設計と製造のINPUT/OUTPUTがしっかり定まっていなければならない。もちろん製造技術部門のメンバーも、設計経験があり、設計の勘所を十分に理解していることが前提である。そのうえ、ものづくりを担当する部門が、「設計は口を出すな、後は俺達が責任をもって量産までフォローするから任せろ。それより早く次期製品開発を加速させろ」と言い切れるかが問題である。開発サイクルが早い部署ではこのようになれば理想的である。

このようなものづくり部署にデジタル開発を適用するには、設計の完成度を検証する手段として、是非DMUなどの検証ツールを取り入れる方法をお薦めする。これにより、まず、生のCADデータで確認するよりもデータ検証の時間短縮が図れる。また、DMUデータに要所でコメントを付記し、どこがまだ不十分であるかタグつきで残しておくことができるうえに、仮に設計部門に問い合せするにしても、確認用データとして、DMUデータは圧倒的に効果的であるからである。

　遠隔地などのように一堂に集まれない場合は、コラボレーション機能などで気軽に短時間にVDRをすることができる。現在、多くの電機メーカーは、製造現場を中国においており、国内では文字どおりの設計のみを担当し、設計がある程度の完成度になった段階で中国現地の製造技術部門に生データを移管し、そこからは現地スタッフが手がけている。しかし、設計の完成度が90％程度ならまだしも、70％で送付された場合、設計経験が豊富な技術者が現地にいても100％まではならない。これは、設計者の意図している部分の読み取りが大変なためである。このとき、多くの電機メーカーが、上記のやり方で頻繁にコラボレーションを実施し、完成度を高めている。コラボ機能でお互いの意思確認を図ることは、時間的にもコスト的に有効であることは間違いない。
　このような使い方をするなら、ぜひVDRに遠隔地コラボレーションを取り入れ、上流段階でさらに検証力を高めた開発・製造をすることをお薦めする。

さくいん

【数字】

2次元CAD　…54
3D-CAD　…74、78
3次元CAD　…54、74
3次元アニメーション　…184、185、186

【A～Z】

ANSI規格　…128
BRICs　…18、19
C＋＋言語　…133
CAD-ASP　…110
CAD-Grid　…112
CMM/CMMI　…122
C-Navi　…99
C言語　…126、127
Cコーディングノウハウ集　…129
Cコンパイラ　…128
Design for Assembly　…42
Design for Environment　…42
Design for Service　…42
Design for User　…42
Design Portal　…148
DFM　…96、101、102
DFM/DFT　…101
DFT　…96、101、103
DFX　…42、101
DMU　…59、64、143
DMUシステム　…60、64

DRC ...96
DSM ...91
DVD ...43
DVDフォーラムTechnical Coordination Group ...25
EMAGINE ...96
FCOMAS ...98
HDD ...43
LCA ...42
lint ...127
Manufacturing ...42
MPU ...47
MultiStage ...101
OSS ...136、137
PCB-CAD ...76、78
PGRelief ...128、131
PGRelief開発 ...128
PLMシステム ...141
SOX法 ...116
TPS ...123
TWINS ...108
VDR ...166、168、175
VisualSearch ...157
VMR ...187
VRI ...181

【あ行】
一括自動ルールチェックシステム ...142
イノベーション ...48、49
イノベータ企業 ...47
イミュニティ ...39
インクリメンタル型 ...121
インフラコスト ...19
ウォーターフォール型 ...121
エレキ／メカ協調設計 ...103

エレキ／メカ連携 …76
エレクトロニクス産業 …16
オープン化 …24
オープンソース …133

【か行】
海外工場 …63
革新リーダー …67
過去トラブル活用 …147
仮想検証率 …181
課題管理 …152
環境対応設計 …81
競争優位 …45
組み立て手順 …184
グリッド …86
グリッド環境 …112
グローバルスタンダード …19
グローバル設計協業環境 …108
コーディングガイド …135
コード分析サービス …131
コンカレント開発 …57
コンテンツ処理型製品 …47
コンパイラ …130

【さ行】
作業指導書 …186
作業マニュアル …186
事後的パラメトリック …50
事前パラメトリック …50
指摘事項 …171
集合型VDR …175
スマイルカーブ …25、26、47
図面の類似検索技術 …155
擦り合わせ型 …46

擦り合わせ型プロセス ...35、36、37
静的解析ツール ...126
静的テスト ...126、127
制約ドリブン設計 ...99、100
設計ナビゲーション ...144
設計の見える化 ...114
設計パラメータ ...48
設計マージン ...40
設計要素 ...48
ソースコード ...21

【た行】
多能的技術者 ...30
チームワーク ...31
チェック観点 ...172
チェック観点シート ...172、173
追加型 ...121
ディザスタリカバリーシステム ...115
テクニカルコンピューティング環境 ...86、111、112
デジタル開発モデル ...56
デジタルモックアップ設計環境 ...75
手戻り ...51
統合規格 ...106
動的テスト ...126、127

【な行】
ナレッジ ...140
ナレッジシステム ...150、151

【は行】
ハインリッヒの法則 ...153
標準化 ...47、159、160
フォロワー企業 ...47
物性ライブラリ ...87

プラットフォーム型開発 …57
プリント板設計CAD …76
フロントローディング …57
並列化 …87

【ま行】
マイクロプロセッサ …47
ムサシカーブ …26
メカニカル設計CAD …76
モジュール化 …35、37
モジュラー型 …35、46

【や行】
ユーザビリティデザイン …20
ユニバーサルデザイン …20

【ら行】
ライフサイクルコスト管理 …23、63
リアルタイムデザインレビュー機能 …75
流用設計 …41

【わ行】
ワークスタイル …30、33

おわりに

　「ローマは一日にして成らず」のことわざのように、「開発部門のプロセス改革・革新」も地道な努力の積み重ねをベースにして実現されるものです。ツール・プロセス・人材の絶え間ない向上への努力が生み出すものだと思っています。
　本書は、開発部門の改革をデジタル開発の視点から書いたものです。ただし、同じデジタル開発ツールを使う企業の中にも、開発力の差が出てきます。この差は、「使いこなし」力になるのではないかと思います。そして、デジタル開発の成熟レベルは、「使いこなし」ができる現場の人材育成力と「使いこなし」を生かせるプロセス（仕事のやり方）の構築力や柔軟性にあると考えます。
　開発部門のデジタル化の「落とし穴」といった記事を、時々目にします。デジタル開発のツールに「使われている」とこの落とし穴にはまってしまうのではないでしょうか。本書の中にも、この警鐘としての記述を見てとっていただけたと思います。

　エレクトロニクス製品の開発は、エレキ（電気設計）・メカ（機構設計）・ソフト（組込みソフトウェア開発）の各開発部門が密接に協力しあってこそ、競争力のある製品を短期間に一定品質を確保し開発できるものであると信じています。そして、富士通のコンピュータ開発の歴史は、エレキ・メカ・ソフトの各部門の連携の歴史でもあるといえます。
　本書の実践編では、このエレキ・メカ・ソフトの開発をデジタル開発の視点から、事業部門を支援する部門の専門の方々にそれぞれ執筆していただきました。第4章は、テクノロジセンターの酒井晃HPC適用推進センター長と有田裕一課長に、第5章は、テクニカルコンピューティングセンターの山口高男プロジェクト部長とPLM事業部の田中淳介プロジェクト担当部長に、そして第7章は、ファームウェア技術部の上田直子プロジェクト部長に書いていただき

ました。分野も多様な執筆者にお願いしたのですが、このことで逆にデジタル開発としての連携が随所に出てきているのが読みとれるものと思います。

　また、お客様へツールを提供し、支援させていただいている視点も少し入れた方が良いのではないかとの思いから、第7章、第8章を展開しています。

　第7章は、PLMツール開発だけでなくPLMツール適用のコンサルティング経験も長いPLM事業部エンジニアリングソリューション部の熊谷博之部長に、第8章は、デジタルデータでのデザインレビューの手法を開発してこられたグループの代表としてPLMビジネス部の鎌田聖一課長に書いていただきました。

　製造準備の視点からは、酒井HPC適用推進センター長の意見をもとに、モバイルフォン事業部の谷田俊史事業部長代理にお願いし、第5技術部の川道武継氏には忙しいところ無理をいって執筆していただきました。

　本書は、富士通株式会社をリファレンスモデルの中心におき、デジタル開発の中身を表現することをめざしました。本書の作成にあたっては、富士通の開発部門すべての方々に感謝いたします。

　また、本書ができるまで全面的に応援いただいた菅原康夫PLM事業部長、事務を一手に引き受けていただいたPLMビジネス部の今泉啓輔部長、武田幸治課長には大変感謝しています。さらに、出版のきっかけを作ってくださいました株式会社日科技連出版社の清水彦康顧問、日程調整などで強力に支援してくださった木村修課長にも謝辞を送りたいと思います。

2006年11月

富士通・日本発ものづくり研究会
事務局　福岡邦親

付録

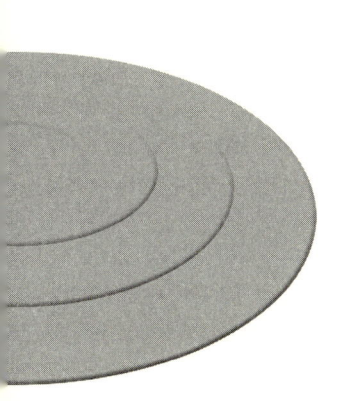

用語の解説

用語の解説

音順	用語	意味
A～Z	ANSI規格	1918年に設立されたアメリカ国内工業製品の規格を策定する団体。日本のJISにあたる。
	ASP (Application Service Provider)	インターネットを通じてアプリケーションを顧客にレンタルする事業者のこと。
	BRICs	ブラジル、ロシア、インド、中国の4カ国の頭文字をとった造語。ゴールドマン・サックス社が2003年10月に投資家向けレポートで初めて用いた。
	CMM (Capability Maturity Model)	カーネギーメロン大学のソフトウェアエンジニアリング研究所が策定した、ソフトウェアの開発プロセス改善の指標のこと。開発の進捗やスケジューリングやマネジメントなどが見える形で管理されているかを5段階のレベルで評価するモデル。
	DFM (Design For Manufacturing)	製造技術の問題を設計段階で解決する手法。
	DFT (Design For Testing)	開発プロセスにおけるテスト工程の問題を設計段階で検討し解決する手法。
	DMU (Degital Mockup)	デジタルモックアップの略。製品の外見、内部構成などを比較、検討するためにCADで作成されたモデル。あるいはシミュレーションソフトウェアのこと。
	DR (Design Review)	開発工程における設計審査のこと。
	DRC (Design Rule Check)	EDAツールの一種で設計データが製造工程の基準を満たしているかどうかの検証を行うツール。
	EDA (Electronic Design Automation)	電気回路、半導体など電気系の設計作業、検証を自動的に支援するためのソフトウェア。
	EMC (Electro Magnetic Compatibility)	電子機器自体または周辺の電子機器の健全な動作を実現すること。電磁的な適合性。
	GUI (Graphical User Interface)	ユーザーに対する情報の表示にアイコンやメニューを使用し、大半の基礎的な操作をマウスなどのポインティングデバイスによって行うことができる操作方式。
	IDC (Internet Data Center)	Webサーバ、データベースサーバ、ルータなどの機器を収容し、高速回線によるインターネット接続サービスを提供する施設。インターネットへの接続回線や保守・運用サービスなどを提供する。
	Lean Manufacturing	リーン生産方式のこと。1980年代にマサチューセッツ工科大学(MIT)のジェームズ・P・ウォマック教

音順	用語	意味
A~Z	Lean Manufacturing（つづき）	授らが提唱した、トヨタ自動車に代表される「多品種大量生産」型の生産方式の総称。leanとは「痩せた」「贅肉のない」の意味で、この場合「ムダのない生産方式」のことを指す。
	Linux	UNIX互換のOSで1991年にフィンランドのヘルシンキ大学の学生であったリーナス・トーバルズ氏によって開発された。
	PDM (Product Data Management)	製品情報管理で工業製品の開発工程において、製品の企画、設計・開発に至る膨大な情報を一元化して管理し、工程の効率化や期間の短縮を図る情報システム。
	SCM (Supply Chain Management)	取引先との受発注、材料の調達から製造、販売まで企業活動の一連の流れをコンピュータで管理して、経営判断の迅速化を図る支援システムのこと。余分な在庫の削減、プロセスの最適化、コスト削減の効果がある。
	TAT改善 (Turn Around Time)	システムにデータ入力をしてから、結果の出力が終了するまでの時間を短縮すること。人が操作する時間、データ転送時間を含む場合もある。
	TPS (Toyota Production System)	生産活動の運用方式の1つで、ムダの排除を行って生産性向上・在庫削減をめざす考え方。
	Viewer	ファイルの内容を表示することができるソフトウェアの総称。
	XML (Extensible Markup Language)	HTML (Hypertext Markup Language) の後継言語。文書やデータの意味や構造を記述でき、独自にタグを定義できることが特徴のマークアップ言語の1つ。
あ行	アーキテクチャ	コンピュータ（ハードウェア、OS、ネットワーク、アプリケーションソフトなど）における基本設計や設計思想などの設計概念。
	インクリメンタル型	開発プロセスモデルの1つ。ウォータフォール型の小さな開発サイクルを繰り返し、開発対象のソフトウェアの規模を少しずつ大きくしながら完成度を高めていく方法。何度もテストを繰り返すため、テスト効率は悪くなるが、技術的リスクが大きい場合に効果的とされている。

音順	用語	意味
あ行	インスペクションとウォークスルー	レビューの分類方法の1つ。インスペクションは公式レビュー、ウォークスルーは非公式レビューに分類されることが多い。インスペクションは、作成者以外の参加者がミーティングを主導、定義された手順にもとづいて計画的に実行され、ミーティング結果は記録される。これに対し、ウォークスルーは、定義された手順はなく、作成者自身がレビュー対象物の説明を行い、問題の抽出だけでなく、関係者との理解の共有も、その目的の1つとしている。
	ウォーターフォール型	開発プロセスモデルの1つ。ソフトウェア産業で最も古くから実践されてきた方法。ウォータフォール型の開発では、全体を大きく、前半の作り込みの工程と、後半の検証の工程によって構成し、要求されたソフトウェアの確実な実現をめざす。要求リスクや技術リスクが小さいときに、最も効率のよい方法とされている。
か行	ガントチャート	スケジュール情報を、時間軸上に整理し、視覚的にまとめて表現した、人員、工程管理などに用いられる帯状グラフ。
	含有規制化学物質	欧州連合(EU)において電気・電子機器における特定有害物資を含む製品の製造・販売に関する規定。特定化学物質(鉛、水銀、カドミウム、六価クロム、特定臭素系難燃剤＝PBB、PBDE＝の6物質群)。
	キャリアパス	企業内での労働者の能力や適性の観点から見た昇進・出世を可能とする職歴。
	グリッドコンピューティング	ネットワーク上にある複数のコンピュータを連携することにより、資源の再利用をし個々が必要としている処理を分散させ効率化を図る仕組みのこと。
	グローバルスタンダード	国際標準規格。国際的に共通している理念などを指す。
	堅牢性	躯体の丈夫さ、外部からの圧力に対する信頼性のこと。
さ行	設計規格	設計の基本となる強度や工法を定めたもの。
	設計標準	基本設計に反映させるための規定として位置づけれたもの。
	設計マージン	設計時の誤差を予測してあらかじめ確保したもの。

音順	用語	意味
さ行	シグナルインテグリティ	配線を微細化することによって起こる、隣接配線間の混信のこと。
	実装設計	部品を基板上で組み合わせる設計のこと。伝送解析なども含まれる。
	シミュレーション	システムなどを動作させる前に模擬的に試行すること。
	初期流動管理	試作から量産へ移行する際に、初期段階での品質不具合を検出できるよう、高い検出感度で取り組む特別管理のこと。
	シンクライアント	サーバ側でアプリケーションソフトやファイルなどの資源を管理するため、ハードディスクやCD-ROMドライブなどを装備せず、データの表示や入力などの簡単な処理しかできないタイプのクライアント用コンピュータのこと。
は行	バーチャル技術	3Dシミュレータに代表される、仮想空間上で検証などを行う技術のこと。
	配線トポロジ	プリント基板上の各部品がどのような形態で接続されるかを示したもの。
	フォロアー企業	市場のポジションにおいて、上位企業と比較して下位にある企業のことを指す。
ま行	ミドルウェア	OS上で動作し、アプリケーションソフトとOSの橋渡しを行うソフトウェア。データベース管理システム、ネットワーク管理システムなど。
や行	ユビキタス	コンピュータ同士が自律的に連携して動作することにより、インターネットなどの情報ネットワークにどこからでもアクセスできる環境のこと。
ら行	リードタイム	生産管理や在庫管理などの所要時間、調達期間。
わ行	ワークスタイル	環境や業務によって変化する働き方のこと。

【執筆者紹介】（五十音順）

有田裕一（ありた　ゆういち）
富士通株式会社　HPC適用推進センター　プロジェクト課長
デジタルモックアップツール（VPS）の開発および社内製品の適用展開。ITを活用した設計プロセスの可視化および改善を担当
担当：第4章

上田直子（うえだ　なおこ）
富士通株式会社　ソフトウェア事業本部　フロンティアユビキタスプラットフォームプロジェクト　ファームウェア技術部　プロジェクト部長　品質保証本部　プロダクトプロセス監査統括部員
経済産業省「組込みソフトウェア開発力強化推進委員会」委員を担当
担当：第6章

鎌田聖一（かまた　せいいち）
富士通株式会社　PLM事業部　PLMビジネス部　プロジェクト課長
シニアコンサルタント（PLM担当）
製造業の仮想検証導入コンサルティングを担当
担当：第8章

川道武継（かわみち　たけつぐ）
富士通株式会社　モバイルフォン事業部第5技術部
社内でのバーチャルものづくりを推進。可視化による作業性改善、開発上流での検証力強化などの部門展開を担当
担当：第9章

熊谷博之（くまがい　ひろゆき）
富士通株式会社　PLM事業部　エンジニアリングソリューション部長
開発・設計業務の生産性向上に向けたPLMソリューションおよびコンサルティングを担当
担当：第7章

酒井晃（さかい　あきら）
富士通株式会社　HPC適用推進センター　センター長
シミュレーション技術の開発および社内製品の適用展開。三次元CADの利用技術開発と社内適用展開を担当
担当：第4章

田中淳介（たなか　あつゆき）
富士通株式会社　PLM事業部　プロジェクト担当部長（EDA担当）
エレキ、組込みソフトなど電子系PLM分野におけるパッケージならびにソリューションビジネスの推進を担当
担当：第5章

福岡邦親（ふくおか　くにちか）
富士通株式会社　PLM事業部　主席部長
JEITA　設計プロセス指標標準化委員会　主査を担当
担当：第1章、第3章

山口高男（やまぐち　たかお）
富士通株式会社　テクニカルコンピューティングセンター　プロジェクト部長
社内プリント板設計環境（EMAGINE）の開発および適用推進を担当
担当：第5章

湯浅英樹（ゆあさ　ひでき）
富士通株式会社　PLM事業部長代理
PLM分野におけるソリューションおよびパッケージ（メカ・エレキ分野のCAD/CAE、PDM、DMU）開発とビジネスプロモーションを担当
担当：第2章

モノを作らないものづくり
——デジタル開発で時間と品質を稼げ

2007年1月30日　第1刷発行

著者	富士通・日本発ものづくり研究会
発行人	谷口弘芳
発行所	株式会社日科技連出版社 〒151-0051　東京都渋谷区千駄ヶ谷5-4-2 電話　出版　03-5379-1244 　　　営業　03-5379-1238〜9
振替口座	東京　00170-1-7309
URL	http://www.juse-p.co.jp/
印刷・製本	株式会社中央美術研究所

©Fujitsu, Ltd. 2007
Printed in Japan

本書の全部または一部を無断で複写複製（コピー）することは、著作権法上での例外を除き、禁じられています。
ISBN978-4-8171-9212-7 C3050